이렇게 책 읽는 아이가 되었습니다

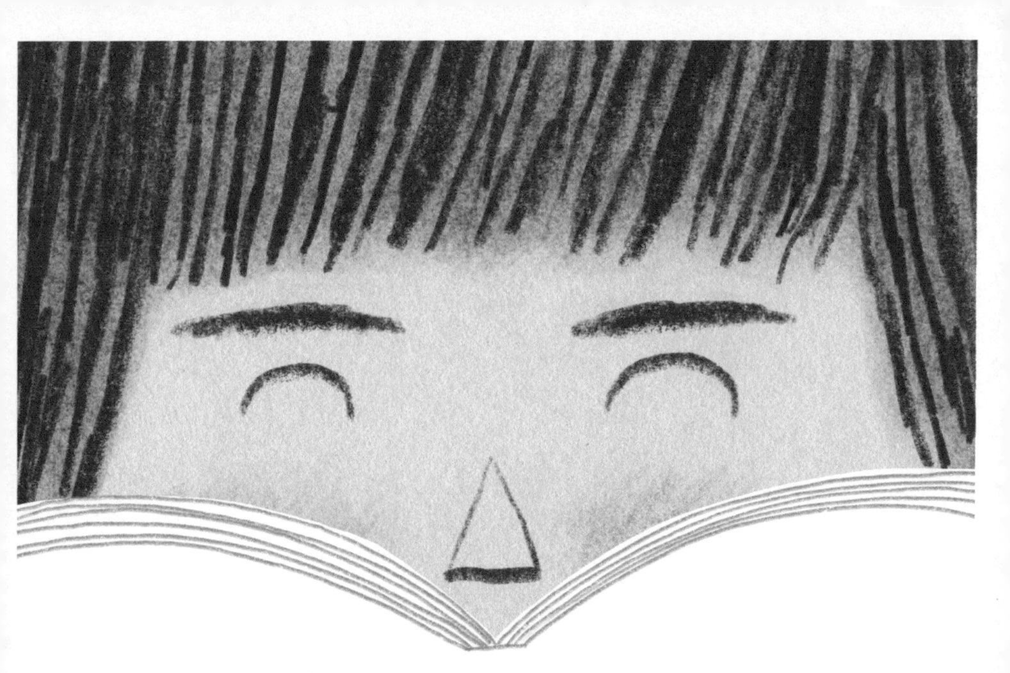

이렇게 책 읽는 아이가 되었습니다

김동환 글 여기 최병대 그림

책구루

치치네 가족을
소개합니다

책 모으는
엄마
책 쓰는
아빠
어미 고양이
율냥이
새끼 고양이
작은 치치
책 읽는 아이
치치

추천하는 글

[독서교육 전문가 최승필]

그 아이는 어떻게 '찐' 꼬마 독서가가 되었을까?

저에게는 '독서 논술 강사의 직업병인가?' 의심되는 증상이 하나 있습니다. 어떤 아이를 보면 '어, 쟤는 ○○이 느낌인데' 하는 식으로 함께 수업했던 제자 중 한 명이 저절로 떠오른다는 점입니다.

치치를 처음 만났을 때도 그랬습니다. '저 아저씨는 누구지?' 하는 눈빛으로 저를 탐색하는 치치를 보는 순간, 수다쟁이 다독가 제자 한 명이 즉시 머릿속을 스쳐 지나갔지요. '이렇게 선입견을 품으면 안 돼' 하고 마음을 다잡았습니다만, 어째 또 그 직감이 덜컥 맞아버렸습니다. 치치는 정말 대단한 수다쟁이였거든요.

"이건 어떻게 생각하세요?"

"전 이랬는데 아저씨도 그럴 때 있으세요?"

"제가 봤던 책에 이런 이야기가 나오는데요. 그게 뭐냐 하면요……."

한 시간가량 함께 차를 타고 가는데, 어찌나 쉴 새 없이 말을 쏟아내는지 머릿속이 다 멍할 지경이었습니다. 낯을 좀 가린다고 들은 것 같은데 이게 어떻게 된 걸까 했지요. 그렇게 수다를 떨어준 덕분에 저는 치치가 어떤 아이인지 조금 알 수 있었습니다. 머릿속에 생각이 들끓고, 세상 궁금한 게 많고, '개념', '정체성' 같은 어휘를 자기 단어로 쓸 줄 아는 초등 4학년 아이, 책을 좋아하는 꼬마 독서가였죠.

그 후로 제가 치치를 만난 것은 손가락에 꼽을 정도입니다만 지금은 이 꼬마 독서가에 대해 훨씬 많은 걸 알게 되었습니다. 제가 진행하는 팟캐스트 방송 〈우리 가족 공감 독서〉의 '아빠 이 책 어때?' 코너 덕분에 지난 3년 동안 매달 치치가 추천한 책을 읽어왔거든요. 독서교육 전문가로, 한 사람의 독서가로 정말 소중하고 신나는 경험이었습니다.

치치는 이상하리만치 웃자라버린 독서 영재나 천재도 아니고 부모가 정해준 책을 읽는 아이도 아닌, 도서관 서가를 제 마음대로 휘젓고 다니는 '찐' 꼬마 독서가였거든요. 치치가 선택한 책에 매번 허를 찔렸고, 천연덕스러우면서도 날카로운 감상평에 무릎을 탁 치게 되는 순간이 한두 번이 아니었지요.

"치치는 그냥 책을 좋아하는 평범한 아이일 뿐이에요. 그런데 치치 이야기가 사람들에게 도움이 될까요?"

이 책의 집필을 의뢰받았을 때, 치치 아빠가 털어놓았던 고민입니다.

"무슨 소리예요. 책을 좋아하는 평범한 아이니까 도움이 되죠."

서점에 가보면 '이렇게 독서 영재로 키웠다', '언어 천재로 키우는 교육법은 이것이다' 하는 책이 참 많습니다. 그런 책을 볼 때마다 저는 늘 이런 의구심이 들었습니다.

'천재나 영재는 타고나는 건데, 저렇게 특별한 아이의 교육법이 우리 아이한테 맞을까?'

'우리 아이가 꼭 천재나 영재가 되어야 하나?'

'왜 그냥 책을 사랑하는 아이, 진짜 꼬마 독서가 이야기는 없지?'

독서 지도는 아이를 영재나 천재로 만들기 위해서 하는 게 아니라 설레는 마음으로 서가의 문턱을 넘는 아이, 책의 세계에 깊이 빠져드는 재미를 아는 아이로 기르기 위해 하는 거니까요.

이 책은 바로 그런 꼬마 독서가가 사는 어느 가정의 이야기입니다. 살다보면 한 번씩 만나게 되는, 어쩌면 지금 우리 집에 살고 있는지도 모를 책 좋아하는 아이, 책 읽는 가족 이야기 말입니다. 지금 치치를 보면 '저 집 애는 어쩜 저래?' 싶고, 부모가 별 노력을 안 했는데 저절로 책을 좋아하게 된 것 같지만 그럴 리가 있나요. 치치네 부모님도 무수히 많은 고민과 시행착오의 시간을 보냈지요. 아이와 함께 책을 읽고 싶은 어른이라면 누구나 겪었을 혹은 겪을 일입니다.

'이 집 아이는 어떻게 책을 좋아하게 됐을까?'

남의 집 서가를 슬쩍 엿본다는 기분으로 가볍게 이 책을 펼쳐보세요. '맞아. 맞아. 우리 애도 그랬는데', '이럴 때는 이러면 되겠구나' 무릎을 치며 읽다 보면 가족 독서 문화의 간결하고도 뚜렷한 상 하나를 품게 되실 거예요. 치치네 가족과는 또 다른, 책 읽는 우리 집의 모습이겠지요.

여는 글

책 읽는 가족이 된다는 것

"자, 간다! 잘 받아!"

인적 없는 학교 운동장에 아빠와 아들, 두 사람의 글러브 소리가 퍽, 퍽 울립니다.

"오, 잘 던지는데!"

치치의 투구 실력에 저는 조금 놀랍니다.

"아, 뭐야! 아빠, 잘 좀 던져!"

손에 쥔 공을 놓아야 할 때 놓지 못하면 공은 영 엉뚱한 데로 날아가지요. 공을 주우러 뛰어가는 치치의 뒷모습만 봐도 흐뭇했던 한때. 치치가 태어나기 전부터 꿈꿔왔던 첫 캐치볼을 한 날이었습니다.

하지만 캐치볼은 아빠의 로망이었을 뿐, 치치에겐 그보다 재밌는 일이 무수히 많았어요. 치치는 여느 아이들처럼 스마트폰으로 게임을 하는 주말이

가장 행복하다고 말하는 아이로 자라났습니다.

다행인 건 책 읽기도 여전히 재미있는 일에 포함되어있다는 거예요. 치치는 한 해 평균 200여 권 정도의 책을 읽습니다. 저만의 로망이었던 캐치볼과 달리, 책 읽기는 가족 모두가 좋아하는 일이라 가능했을 겁니다.

저희 세 식구는 독서 취향은 사뭇 다르지만, 책 읽기의 즐거움을 함께 나누고 서로 응원해주는 소중한 독서 친구로 살아왔어요. 이 책은 캐치볼을 주고받듯 아이와 함께 책을 읽어가는 우리 가족의 이야기입니다. 그림책을 읽어주던 두세 살 시절부터, 확고한 취향이 생겨나 이제는 부모에게 책을 권하는 아이로 자란 치치의 이야기를 담았습니다. 캐치볼이 서로의 마음을 주고받는 일이듯, 책이라는 공에 서로의 마음을 담아 보내는 재미를 가능한 한 가족과 오래오래 나누고 싶습니다.

캐치볼은 공을 주고받는 간단한 놀이지만, 단순한 일이 으레 그렇듯 여기에는 묘한 중독성이 있습니다. 내 손을 떠난 공이 허공을 가로질러 상대의 글러브에 꽂히는 쾌감과 다시 상대가 던진 공의 낙하지점을 예측해 글러브로 잡아내는 긴장감. 그 단순한 반복에 집중하는 동안, 공과 함께 다양한 생각도 오고 갑니다.

'잘 던지는 게 중요한가, 잘 받는 게 중요한가?'

'공을 잘 던지는 방법은 무엇인가?'

저는 두 질문의 답이 같은 곳을 향해있다는 생각이 들었습니다.

"잘 던진다는 건, 잘 받을 수 있도록 애쓰는 일이다."

작가와 독자가 책으로 소통하는 일도 이와 비슷합니다. 말하자면 독서는 '책이란 공을 주고받는 작가와 독자 사이의 캐치볼'이지요.

캐치볼을 하는 동안 두 사람은 오로지 상대에게만 집중합니다. 책을 읽을 때의 독자 또한 오직 작가와 단둘이 마주 앉아있습니다. 또 캐치볼은 상대가 왼손잡이인지 오른손잡이인지, 키가 큰지 작은지, 둘의 거리가 먼지 가까운지에 따라 던지는 사람의 태도가 결정됩니다. 공의 속도와 방향, 높이가 모두 던지는 사람의 마음이 아닌, 받는 사람에게 맞추어져 있다는 사실은 왜 캐치볼이 '스로 볼(throw ball)'이 아니라 '캐치볼(catch ball)'이 되었는지를 말해줍니다.

그래서인지 캐치볼은 던질 때보다 받을 때의 재미가 더 큽니다. 상대의 공이 내 글러브에 정확히 꽂혔을 때의 손맛은 직접 해보지 않은 사람은 모르지요. 독서도 수많은 작가가 허공을 향해 던지는 공 중에서 내게 날아오는 공을 찾아 잡는 일과 같습니다. 캐치볼과 마찬가지로, 그 짜릿함을 느껴본 적 없는 사람은 절대 모를 즐거움입니다.

이 책으로 독자 여러분과 나누고 싶은 경험도 캐치볼과 다르지 않습니다. 제가 던진 공을 받은 여러분이 가족과 함께하는 독서로 새로운 경험을 만들어가고, 삶의 작은 변화를 끌어낼 수 있다면 더 바랄 게 없습니다.

누군가에게는 독서가 마냥 어렵고 귀찮은 일, 그러면서도 의무감이나 부담감에 스스로 짓눌리는 일이란 걸 알고 있습니다. 하지만 무작정 책 읽는 아이를 만들고 싶다는 바람보다는 우리 집이 책 읽는 집이 되었으면 좋겠다는 마음으로 다 함께 힘을 내본다면 반드시 놀라운 일이 벌어질 거예요.

제가 던지는 이 마음을 여러분이 받아서 어떤 변화를 겪게 될지, 상상하는 것만으로도 벌써 기분이 좋아집니다. 그만큼 잘 받을 수 있게 썼는지 돌아보게도 되고요. 부디 제가 던진 공을 잘 붙잡아 각자의 가족 독서 문화를 만들 수 있길 바라는 마음입니다.

차례

2장 | 우당탕탕 읽기 독립

3장 | 독서가 깊어지는 순간들

4장 | 비록 시행착오를 겪을지라도

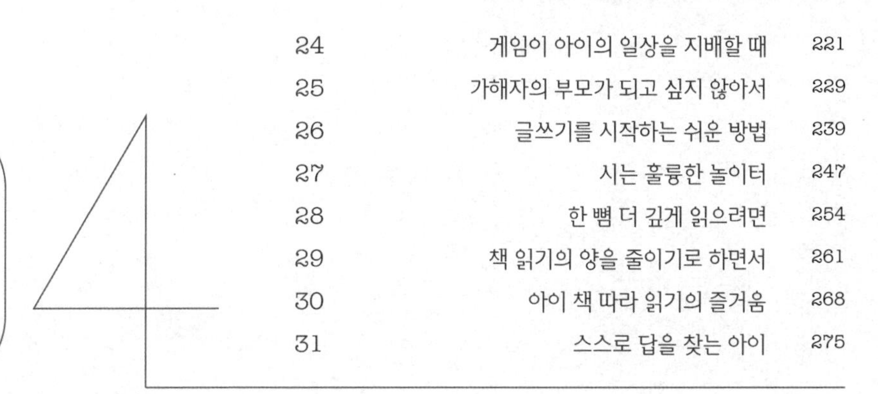

책과
뒹굴뒹굴
친해지기

"어떤 것도 친절함을 이길 수 없어."

말이 말했어요.

"친절함은 조용히 모든 것을 압도해."

《소년과 두더지와 여우와 말》

찰리 맥커시 지음, 상상의힘, 2020

01 책 읽기만큼은 반항하지 않는 이유

열두 살 치치는 요즘 엄마 아빠 말이라면 무조건 반대부터 하는 사춘기의 첫 문을 삐걱하고 연 것 같습니다. 그래서 야단도 많이 맞지요.

그런데 엄마와 했던 약속, 바로 '하루 한 권 책 읽기'만큼은 큰 불만 없이 따르는 걸 보면 그 이유가 궁금해집니다.

책이 많은 집에 살아서? 아빠가 작가라서? 아님, 책을 좋아하는 유전자라도 타고나서일까요? 생각해보면 모두 아닌 것 같아요.

"아빠가 가진 책 중에 제일 두꺼운 책은 뭐야?"

치치가 여덟 살 때 했던 질문입니다. 갑자기 그런 게 궁금해졌을 리는 없고, 단지 아빠에게 말을 걸고 싶었겠지요. 책에 관한 질문이라면 아빠가 언제나 성의껏 답해준다는 걸 치치는 그때도 알았던 것 같습니다.

"글쎄, 어디 보자. 지금 읽고 있는 이 책도 두껍고……."

전 책상에 펼쳐두었던 《천 개의 고원》*을 건네주며 말했습니다. 정확히 1,000페이지짜리 책이었지요. 치치는 자기 가슴팍만 한 그 책을 이리저리 살펴보고, 덤벨처럼 들어 올려 무게를 가늠해보기도 했습니다.

"나도 크면 이만큼 두꺼운 책을 읽을 수 있나?"

치치는 두꺼운 책을 읽는 게 세상에서 제일 대단한 일이라도 되는 듯 관심을 보였습니다. 저는 웃으며 대답했지요.

"지금도 읽을 수는 있지. 한글을 아니까."

이 말을 들은 치치는 새 장난감을 손에 넣은듯한 얼굴로 말했습니다.

"맞아. 나도 읽을 수 있어."

그런데 몇 장을 넘겨보던 치치는 이내 표정이 일그러졌습니다. 그러고는 실망한 듯 말했지요.

"글자는 읽어도 뜻을 모를 수는 있겠다."

저는 그 말이 너무 귀여워 아이의 볼을 살짝 꼬집었습니다.

"아빠도 처음부터 다 알고 읽는 건 아니야. 한 번 읽고 잘 몰라서 몇 번째 다시 읽고 있거든."

치치는 순간 뭔가 깨달은 듯 자신 있게 말했습니다.

"이거 나도 읽어볼래."

그러더니 첫 장을 펴고는 책 앞에 야무지게 도사리고 앉아 조막만 한 손으로 한 줄 한 줄 짚어갔습니다. 처음엔 저러다 말겠지 싶었는데, 치치는 모르는 단어를 하나하나 물어봐 가며 마치 오늘 안에 죄다 읽어내고야 말겠다는 듯 열의를 보였지요.

《천 개의 고원》은 철학서 중에서도 난해하기로 이름난 책이고, 번역도 그다지 친절하지 못합니다. 그러니 치치에겐 한 문장 속에도 모르는 단어가 수두룩했고, 그때마다 단어를 설명해주는 데만도 한참이 걸렸습니다.

수준에 맞지 않는 책을 읽는 체하는 게 얼마나 힘든 일인지 알기에 언제까지 버티는지 보자고 내버려 두었지만, 먼저 손을 든 쪽은 저였습니다.

"처음이니까 욕심내지 말고 오늘은 한 페이지만 봐. 응?"

치치는 알았다고 대답하고 나서도 책 앞에 꼼짝 않고 앉아있더니 마침내 20분 만에 책을 덮고 일어섰습니다. 칭찬받는 게 목적이었다기엔 너무 오랜 시간 공을 들인 것 같았죠.

"무슨 뜻인지 알겠어?"

"모르지. 아직 나한테는 어렵긴 하네. 그래도 여러 번 읽으면 알겠지?"

그러고는 포르르 달려 나가 거실에 있던 엄마에게 아빠 책 중 제일 두꺼운 책을 읽었노라며 자랑했습니다.

이랬던 치치가 지금은 자기가 읽던 책을 들고 와 말합니다.

"아빠, 이 책 한번 읽어봐. 아빠가 SF나 판타지 쓸 때 도움이 될 거야."

며칠 전 치치가 도서관에서 빌린 《룬의 아이들》** 시리즈였습니다.

"1부가 일곱 권이나 되던데 벌써 다 읽은 거야? 엄청 재밌나 보네. 《해리 포터》***보다 재밌어?"

치치는 한참을 고민하다 대답합니다.

"그렇다고 볼 수 있어. 현재까진 그래."

"다 읽기엔 분량이 엄청난데?"

"1부 1권만 읽어봐도 돼. 후회하지 않을걸?"

어느새 치치는 시리즈 전권을 합치면 1,000페이지가 훌쩍 넘는 책을 아빠에게 추천해줄 정도로 자랐습니다.

치치는 어릴 때부터 그리 활동적인 아이가 아니었습니다. 같은 조건이면 나가서 뛰어노는 것보다 집에서 뒹구는 쪽을 선택했지요. 휴식 시간을 확보하기 위해 저희 부부도 TV나 유튜브의 도움을 받고 싶었지만 영상은 늘 두 번째로 좋은 것일 뿐, 치치가 가장 좋아하는 시간은 언제나 엄마 아빠가 책을 읽어줄 때였습니다.

영유아에게 책을 읽어준 경험이 있는 분은 아실 겁니다. 책 읽어주기 또한 스스로 좋아하는 일이 되지 않으면 괴로운 일일 뿐이란 걸요.

다행히 저희 부부는 둘 다 책을 좋아하는 편이랍니다. 책을 읽어주다가 아이보다 먼저 울먹이기도 하고, 아직 아이가 읽기에 어려운 책을 치치 핑계로 사들이기도 하니까요.

특히 치치 엄마의 오랜 취미는 그림책 모으기입니다. 요즘엔 좀 뜸해졌지만 치치에게 그림책을 읽어주던 무렵엔 저도 아내 덕에 좋은 그림책을 많이 구경했지요.

어느 날 제게 온라인 서점 사이트를 보여주며 치치 엄마가 말했습니다.

“이거 희귀 그림책이라 좀 비싸…….”

“치치 거야?”

“아니. 내가 갖고 싶어서…….”

말꼬리를 늘어뜨리는 것이 심상치 않았는데, 뒤늦게 가격을 확인한 저는 깜짝 놀랐습니다.

"엄청 비싼데? 그래도 뭐……. 사고 싶음 사……."

"이미 주문했어."

"왜 물어본 거야?"

"물어본 거 아닌데."

치치 엄마는 한창 핫플레이스로 떠오르던 신축 백화점에 갔을 때도, 그곳에 함께 들어선 그림책 미술관에 반해 쇼핑 매장 쪽은 아예 거들떠보지도 않았습니다. 처음엔 치치를 데려가고 싶대서 간 곳이었는데, 나중엔 치치 엄마가 더 열중해있었습니다. 두 시간 넘게 그림책 속에 파묻혀 꼼짝 않는 두 사람을 보며 저는 아이와 아내를 모두 그림책에 빼앗긴 기분이 들었지요.

동네에 새로 생긴 도서관에 갔을 때도 치치 엄만 "여기서 하루 종일 그림책만 봤으면 좋겠다"라며 아이처럼 좋아했습니다. 가장 왕래가 잦은 친구들이 한때 온라인 그림책 카페에서 만난 사람들인 걸 보면, 그녀에게 그림책은 인간관계까지도 결정짓는 중요한 존재인 것 같아요.

치치 엄마의 특별한 취미가 아니더라도 저희 부부는 치치가 태어나기 전부터 늘 책과 함께하는 시간을 소중히 여겼습니다. 읽고 싶은 책을 주문해놓고 기다리는 일, 좋아하는 작가의 새 책을 기다리는 일처럼, 책을 둘러싼 수많은 경험을 함께 나누며 지내왔지요.

도서관에서 빌려 보는 것만으로 성에 차지 않는 책은 사서 보게 되는데, 이렇게 두 사람이 모은 수천 권의 책이 지금껏 집안을 가득 채우고 있습니다. 바로 이 책 무더기 속에서 치치는 태어나 자라왔어요. 놀다 넘어져도 책 무더기 위일 정도였습니다. 지금까지도 저희 식구는 책과 함께 뒹굴며 살고 있습니다.

치치에게 책이란 엄마 아빠가 자기만큼이나 애정을 쏟는 물건이에요. 치치는 분명 어릴 적부터 세상에서 가장 사랑하는 사람들이 좋아하는 게 무엇인지 직감했을 거예요. 아이가 책을 가까이하는 데 어떠한 물리적 환경이나 유전자보다 더 중요한 건, 책을 좋아하는 사람이 곁에 있다는 것, 그래서 그들 사이에 자신도 마치 한 권의 책처럼 껴들고 싶은 마음이 아닐까요?

책을 대하는 양육자의 태도를 아이는 금세 알아차려요

'책 읽는 부모가 책 읽는 아이를 만든다'라는 식의 이야기를 여기저기서 지겹도록 들어보셨을 거예요. 저도 이 말을 시원하게 부정하거나 반박할 수 있으면 좋겠습니다. 하지만 쉽지 않아요. 내가 좋아하지 않는 음식을 아이가 좋아하게 만들기 어려운 것처럼, 책을 좋아하지 않는 아이를 바꾸는 일도 마찬가지이기 때문입니다.

태어날 때부터 유독 책을 좋아했고 자라면서도 유튜브나 게임이 아니라 책 읽는 시간을 더 좋아하는, 책이라면 자다가도 벌떡 일어나는 아이는 무척 드물지요. 그래서 결국엔 많은 부모가 독서를 억지로 권하게 되는데, 뭐든 억지로 하는 건 반드시 역효과를 일으킵니다.

치치도 반은 억지로 하루 한 권 책을 읽고 있어요. 하지만 책 읽기 숙제가 자연스러운 일과로 자리 잡은 데는 책을 좋아하는 저희 부부가 만든 집안의 분위기, 즉 가족 독서 문화가 큰 역할을 했다고 생각합니다.

가족 독서 문화는 '솔선수범'과는 달라요. 솔선수범에는 분명한 목적의식이 있지만, 저희에겐 끊임없이 자신이 읽고 싶은 책을 찾아 읽는 즐거움 말고 목적이 없기 때문이죠. 때론 목적 없는 일이 목적을 이깁니다.

책과 책 읽는 시간을 대하는 양육자의 태도를 아이는 생각보다 빨리, 그리고 정확히 눈치챕니다. 처음 만난 부모의 친구를 대할 때처럼 말이죠. 책을 읽지 않는 아이 앞에서 우리가 할 수 있는 일은 우리 스스로 책과 좋은 관계를 맺는 것입니다.

*《천 개의 고원》 질 들뢰즈, 펠릭스 가타리 지음, 새물결, 2003
**《룬의 아이들》 전민희 지음, UK Nakagawa 그림, 엘릭시르, 2018
***《해리 포터》 J.K.롤링 지음, 문학수첩, 2019

우리는 누구나 사랑하는 사람이
좋아하는 물건에 관심을
가질 수밖에 없습니다

02 진짜 독서는 책을 덮은 후에 시작됩니다

이미 유아 그림책의 고전이 돼버린 기요노 사치코의 《개구쟁이 아치》* 시리즈는 작가가 세상을 떠난 직후인 2009년부터 국내에 출간되었습니다. 그게 딱 치치가 태어나던 무렵이었어요.

그중 8권인 《산타의 선물》은 치치에겐 꽤 의미 있는 책입니다. 이 책으로 한글을 떼게 되었으니까요.

"허허허! 아치구냐. 나능 곰 산타얀다. 그어니 아치 선무은 업꾸나아. (허허허! 아치구나. 나는 곰 산타란다. 그러니 아치 선물은 없구나.)"

처음 보는 광경에 놀란 제가 치치 엄마에게 물었습니다.

"재 지금 저거 읽고 있는 거야?"

"무슨, 다 외워버린 거지."

치치 엄마는 별일 아니라는 듯 단정해버립니다. 제가 보기에 치치는 분명 책 내용을 한 글자도 틀리지 않고 한 줄 한 줄 손으로 따라가며 읽고 있는데 말이죠.

"글자를 손으로 짚어가며 보는데?"

"아냐. 읽는척하는 거야."

치치가 다섯 살 무렵의 일이었지요. 한 페이지에 한두 문장씩밖에 없는 그림책이다 보니 어느 날부터 치치는 내용을 통째로 외워버렸습니다. 같은 책을 여러 번 읽어주다 보면 이렇게 외우는 책이 하나둘 생기던 때였어요. 《산타의 선물》은 그중에서도 치치가 특별히 좋아하던 작품이었죠.

아이의 이런 모습을 볼 때면, 나에게도 한 글자 한 글자 외우고 싶을 만큼 소중한 책이 있었나, 생각해보게 됩니다. 책을 외우는 아이의 마음은 좋아하는 작가의 문장을 정성 들여 필사하는 성인 독자의 마음과 다르지 않겠지요. 치치 엄마와 제가 책을 읽어주던 때라 가능한 일이었을 거예요.

아이에게 책을 읽어주는 시간은 단순히 부모가 '오디오북'이 되는 것과는 다릅니다. 아무리 아이가 좋아하는 책이라도 같은 책을 늘 똑같은 방법으로 읽어주는 건, 부모로서도 재미가 없으니까요. 그래서 책 읽기는 매번 다른 이야기와 질문이 끊임없이 끼어드는 일이 되어야 합니다.

책을 읽어주기에 가장 좋은 시간은 밤입니다. 밤은 부모와 아이 모두 하루의 부담에서 해방된 시간이고, 이성적 판단이 힘을 잃은 만큼 감성적 에너지가 넘쳐나는 때입니다. 아이와 함께 읽은 책 속 이야기와 가족의 지난 하루가 자연스레 섞일 수 있는 때이기도 하지요.

그림책을 읽어주다 보면 이런저런 재미난 일이 생기기도 했습니다. 책 속 인물의 웃긴 행동을 따라 하며 놀기도 하고, 인물의 대사나 말투가 우리끼리만 아는 유행어가 되기도 했어요. 때론 책 속 내용을 응용한 역할극도 가능했습니다. 예를 들어 《아빠와 피자 놀이》**를 한창 신나게 읽었을 땐 자연스럽게 이런 놀이가 이어졌지요.

“지금부터 치치 피자를 만들어보겠습니다.”

제가 말하면,

“치치눈 햄미야. 동그얀 햄. (치치는 햄이야. 동그란 햄.)”

치치는 요리 속 재료가 되어 침대에 드러누웠습니다.

“아, 그랬죠? 아깝지만 이제 이 귀여운 햄을 동그랗고 납작하게 썰어야겠어요.”

“아, 안 돼! 킥킥킥키키키.”

문제는 밤에 재워주면서 이런 놀이를 하면 너무 재밌어서, 오던 잠도 다 달아나버린다는 겁니다. 다행히 치치는 이불 속에 누워서 도란도란 책 이야기를 나누는 것도 좋아했어요.

다섯 살부터 치치는 밤 10시 이전에 모든 준비를 마치고 잠자리에 누우면 '재워주(며 놀)기'라는 보상을 받았습니다. 여섯 살까진 세 식구가 모두 한 방에서 지냈기 때문에 딱히 보상이랄 건 아니었지만, 일곱 살부터 열한 살 무렵까지는 그 시간이 치치에게 큰 보상처럼 느껴졌을 겁니다. 돌아보면 저희 부부에게도 마찬가지였지만요.

우리는 치치가 잠들 때까지 몇 권의 그림책을 읽어주고, 불을 끄고도 족히 30분이 넘도록 수다를 떨었습니다. 그림책에 기대어 낮 동안엔 말하지 못했던 비밀을 털어놓기도 하고, 각자 미뤄두었던 잘못을 사과하기도 했지요. 때론 세상에 없던 그림책을 만들어내기도 했습니다. 불을 끄면 책을 볼 수 없으니까요. 대단한 건 아니고, 대부분 그때그때 급조한 이야기입니다.

이야기를 들려주며 치치의 속마음을 떠보기도 했어요. 이야기 속에는 여러 명의 치치가 등장합니다. 치치의 분신들이 주인공이 되는 거죠. 그들은 치치가 낮에 경험했던 일을 비슷하게 겪게 되는데, 결말은 실제와 같기도 하고 다르기도 했어요. 치치와 함께 만드는 결말이기 때문입니다.

"똑바로랑 쪽바로는 한동네에 살았거든. 어느 날 놀이터에서 놀고 있는 똑바로에게 쪽바로가 먼저 인사했어."

"아냐. 똑바로가 먼저 인사했어."

이야기를 시작하자마자, 치치는 내용을 바꾸고 싶어 했습니다.

"그래? 아까 낮에 치치는 친구한테 먼저 인사 안 했잖아. 그런데 그 친구도 인사를 안 해서 서운하다고 했잖아."

"똑바로는 먼저 인사했어."

어둠 속이라 치치의 표정을 볼 순 없었지만, 마음은 충분히 읽을 수 있는 말입니다.

"치치도 먼저 인사하고 싶었는데, 쑥스럽고 어색해서 못 했구나?"

치치는 이런 밤 시간을 무척 좋아했습니다. 책을 덮고도 계속 이어지는 책 속 이야기. 거기에는 책을 만든 사람과 그 책을 읽은 다른 사람과의 만남, 그리고 다시 책을 펼치게 하는 힘이 숨어있습니다. 책이 사람을 만든다는 것, 한 사람의 삶을 바꾸고 나아가 세상을 바꿔간다는 건, 이렇게 책을 덮은 후에 오는 시간의 힘을 믿는 데서 생긴 말일 겁니다.

잠자리 이야기 짓기,
어렵지 않아요

아이와 잠자리에 누워 하루를 돌아보는 시간은 아이와 부모 모두에게 만족감을 줍니다. 맞벌이하는 저희 부부에겐 특히 그랬죠. 일하느라 아이를 서운케 하는 순간이 하루에도 몇 번씩은 생기기 마련이니까요. 이런 환경에선 아이 역시 자신의 속마음을 제때 말하지 못하고 넘겨버리는 경우가 많습니다.

하지만 잠자리에선 이런 서로의 불만이나 스트레스, 정서적 결핍을 어느 정도 해소할 수 있습니다. 전부 해소되진 않더라도 각자가 어떤 하루를 살았는지 서로 관심을 가져주는 것만으로도 많은 위로가 됩니다.

이때 아이와 함께 읽은 책 속 이야기는 큰 힘을 발휘합니다. 이야기 속에 아이의 이름을 넣어주는 것만으로도 아이는 크게 반응하지요.

딱히 상황에 맞는 책이 없을 땐 아이의 일상 이야기에다 '옛날 옛적에'만 붙여주어도 됩니다. 예를 들어 아이가 화장실에 한 번도 가지 못했던 날은 이렇게 이야기해볼 수 있습니다.

"옛날 옛적에 치치라는 거대한 공룡이 살았는데 말이지. 아침부터 배가 계속 아팠는데도 똥을 못 쌌어. 똥을 누려고 세 번이나 시도했는데 말이야. 화장실에 앉아서 왜 이럴까, 왜 이럴까, 계속 생각해봐도 도저히 이유를 모르겠는 거야.”

생각보다 어렵지 않지요?

치치는 이때 이렇게 대답했습니다.

“육식 공룡이야? 채소를 싫어하나?”

*《개구쟁이 아치》 기요노 사치코 지음, 비룡소, 2009

**《아빠와 피자 놀이》 윌리엄 스타이그 지음, 비룡소, 2018

진짜 독서는 책을 덮고 난 후에
비로소 시작됩니다

03

말 많은 아이의 남다른 욕구

치치는 말하기를 무척이나 좋아합니다. 한번 시작한 말은 끝까지 뱉어야 직성이 풀리는 아이지요. 생각해보니 저는 치치가 태어나기 전까진 저보다 말 많은 사람과 살아본 적이 없는 것 같아요. 단 세 식구뿐인 집에서 치치는 네댓 식구가 함께 사는듯한 특수 효과를 담당합니다.

"그걸 그렇게까지 자세히 얘기할 필요가 있어?"

제가 묻습니다.

"있어."

치치는 단호합니다.

"아빤 없어."

저도 단호하지요.

"모르는 소리 마. 이건 디테일이 중요해."

치치는 저를 따라다니며 끝내 사소한 부분 하나하나까지 다 말하고 맙니다. 집 밖으로 몸을 피하지 않는 이상 듣고 싶지 않은 이야기도 꼼짝없이 들을 수밖에 없지요. 이런 제 고충에도 치치는 여기저기서 '말 잘하는 아이'로 통합니다. 그가 집 밖에서 한 번씩 듣고 오는 칭찬이 상황을 악화시키는 건 아닐까 싶기도 해요.

하지만 그런 치치에게 예전부터 은근히 기대했던 바가 있습니다. 치치가 책 읽기를 좋아하는 아이로 자라지 않을까 하는 바람이었지요.

그림책이나 동화책 속에 등장하는 아이들은 악명 높은 수다쟁이인 경우가 많습니다. 그림책에 빠져 지내던 어린 치치를 보며 저는 가끔 그들이 치치에게 쉴 새 없이 말을 거는 상상을 했습니다. 치치가 책을 덮으려는 순간 책 속 아이가 이렇게 말하는 거죠.

"언제든 나한테 놀러 와."

그러면 치치는 그를 안심시키듯 말합니다.

"나 멀리 안 가. 금방 또 올 거야. 난 할 말이 무척 많거든."

"대환영이야! 나도 마찬가지니까."

치치는 아마도 《내 토끼 어딨어?》*의 트릭시처럼 끊임없이 조잘거리는 책 속 아이에게 강한 동질감을 느꼈을 거예요.

하지만 이런 동질감이 전부는 아닙니다. 가만 보면 말 많은 아이에겐 남다른 욕구가 있어요. 단순히 말을 많이 하고 싶은 욕구가 아니라, 바로 '말할 거리'에 대한 욕구입니다. 말 많은 아이는 항상 더 많은 이야깃거리에 목말라 있습니다. 책의 유혹에 빠져들기 쉬운 부류지요.

'아는 게 있어야 말할 수 있다'라거나, '인풋이 있어야 아웃풋이 있다'라는 식의 효용을 말하려는 게 아닙니다. 그보다는 '말을 하려면 우선 들어야 한다'라는, 언어발달학 원리에 더 가까운 이야기지요. 책 읽기는 남의 말을 듣는 일과 다르지 않기 때문입니다.

미국의 작가이자 대중 연설가인 프란 레보비츠는 "말하기의 반대는 듣기가 아니라 기다림"이라 말했습니다. 말을 잘하기 위해선 먼저 상대방이 들려줄 이야기를 기다릴 줄 알아야 한다는 것이죠.

저는 이 말에서 어쩌면 '말하기와 듣기는 반대가 아니라 원래 한 몸'이었을 거란 생각을 했습니다. 레보비츠도 그런 이유로 '들릴 때까지 기다리는 것'의 중요성을 강조했을 거고요. 내가 아닌 상대방의 말은 우리의 의지 영역 밖에 있으니까요. 레보비츠의 연설은 우리가 흔히 생각하는 '유창한 말

솜씨'와는 다소 거리가 있어, 과연 '말을 잘한다'라는 게 어떤 의미인지 곰곰이 생각하게도 합니다.

저 또한 책을 쓰고 강의를 다니는 게 직업이라, 항상 되새기는 말이 있습니다. "가루는 칠수록 좋아지고 말은 할수록 거칠어진다"라는 속담인데요, 이 말을 이렇게 바꾸어봐도 좋을 것 같습니다.

'글은 고칠수록 좋아지고 말은 영영 고칠 수 없다.'

제가 두 시간 분량의 강의를 준비할 땐 보통 다섯 권 이상의 책을 읽고 강의안을 다듬어냅니다. 강의안을 쓰면서 꼭 필요한 내용인지, 객관적 사실에 부합하는지, 이미 남들이 말해왔던 뻔한 주제는 아닌지 등을 고려하지요. 이런 준비 과정을 거친 강의라도 끝나고 나면 늘 후회가 남기 마련입니다. 말이란 게 그렇습니다.

하지만 책을 쓰는 일은 다릅니다. 제가 쓰는 책은 주로 어린이 교양서임에도 책 한 권을 쓰기 위해 평균 50여 권의 책을 참고합니다. 강의를 준비할 때와는 비교도 안 될 만큼의 품이 들어가는 셈이지만 후회는 훨씬 덜합니다. 글은 후회가 남지 않을 때까지 고칠 수 있으니까요. 이런 점에서 책은 가장 정제된 형태의 말하기라 할 수 있습니다. 어린이 책이라고 다르지 않지요.

말 많은 아이가 이야깃거리를 찾아 책으로 들어갈 때, 책은 그에게 이야깃거리만을 주진 않습니다. 좋은 책은 가장 정제된 형태의 말하기를 들려주고, 듣는다는 것이, 또 그걸 기다리는 일이 얼마나 신나고 가치 있는 일인지를 경험하게 합니다.

가끔 치치가 말수 적은 아이였다면 어땠을지를 떠올려봅니다. 아무래도 그건 좀 재미없는 삶이 될 것 같아요. 그러고 보면 저는 사실 말 많은 사람을 좋아하는 것 같습니다. (치치에겐 비밀입니다.)

우리가 말 많은 아이를 걱정하는 이유는 '듣는 일에 소홀한 사람이 되지 않을까?' 하는 우려 때문이겠지요. 하지만 아이가 책으로 들어갈 때 우린 잠시 그 걱정을 내려놓을 수 있습니다. 책을 읽는다는 건 남의 말을 끝까지 듣는 일이고, 거기엔 언제나 충분히 기다릴만한 가치가 있으니까요.

책과 친해지는 방법은 사람마다 달라요

우리 아이가 어떤 성향인지 잘 관찰하는 것도 양육자에겐 중요한 일입니다. 아이의 특징과 관심사를 잘 파악하면 책과 친해지는 각자의 방법을 발견할 수 있지요.

하고 싶은 말이 많다는 건 끊임없이 자기 생각을 만들어가길 원한다는 뜻이기도 합니다. 그러니 말 많은 아이와 함께 산다면 차근차근 독서 습관을 쌓을 수 있도록 도와주세요. 그 아이는 분명 미래의 독서가가 될 가능성이 큽니다.

수줍음이 많은 아이에게 책은 공감과 용기를 북돋아주는 친구입니다. 《칠판 앞에 나가기 싫어!》**의 주인공 에르반이나 《고릴라》***의 한나처럼 내성적인 아이의 마음속에는 깊은 이야기와 상상이 담겨있지요. 아이가 책과 편히 사귈 수 있게 배려해주세요.

특정한 관심사가 있다면 독서를 시작하기가 더 수월합니다. 예를 들어, 새를 좋아하는 아이라면 세밀화 도감으로 독서에 대한 흥미를 불러일으킬 수 있지요. 안데르센의 《나이팅게일》****이나 모리스 마테를링크의 《파랑새》*****처럼 흥미로운 새가 등장하는 이야기책도 재미있게 읽을 거고요.

---

*《내 토끼 어딨어?》 모 윌렘스 지음, 살림어린이, 2008
**《칠판 앞에 나가기 싫어!》 다니엘 포세트 지음, 베로니크 보아리 그림, 비룡소, 1997
***《고릴라》 앤서니 브라운 지음, 비룡소, 2008

동생이 있는 아이에겐 동생에게 책 읽어주는 일을 맡겨보세요. 작은 칭찬에도 아이는 서서히 전문가 못지않은 꼬마 북 큐레이터가 될 겁니다.

물론 아이의 성향과 상관없이 책에 대한 호감을 높여주는 방법도 있습니다. 아이가 책 이야기를 재잘거릴 땐 더욱 귀를 기울여주는 거지요. 우리가 책 수다에 귀 기울이는 만큼 아이는 책과 함께 보낸 시간이 얼마나 소중한지 알게 될 테니까요.

****《나이팅게일》 안데르센 원작, 김서정 지음, 김동성 그림, 웅진주니어, 2005
*****《파랑새》 모리스 마테를링크 지음, 허버트 포즈 그림, 시공주니어, 2019

아이들에겐 언제나
이야깃거리가 필요합니다

04 아이들은 시인의 얼굴을 하고 있어요

《최승호·방시혁의 말놀이 동요집》(이하 《말놀이 동요집》)* 1, 2권은 치치가 다섯 살 무렵 가장 좋아했던 책 중 하나이고, 지금까지도 누군가에게 물려주길 완강히 거부하는 책입니다.

이 책은 최승호 시인의 《말놀이 동시집》** 1~5권 수록작 중 41개 동시를 노랫말 삼아 BTS의 프로듀서인 방시혁 씨가 곡을 붙인 동요집으로, 책을 사면 음악 CD가 딸려오지요.

“자야아지, 일어나야아지, 먹어야지, 지, 찌, 찌! 또 자야아지, 일어나야아지, 먹어야지, 지, 찌, 찌!”***

“치치도 그러고 싶어?”

차 뒷좌석에서 신나게 노래를 따라 부르던 치치에게 제가 묻습니다.

“아니지. 그럼 돼지가 되는 거야.”

치치는 별걸 다 물어본다는 투로 대답합니다.

"맞아. 만화 영화 중에 그렇게 마구 먹어대던 엄마 아빠가 진짜로 돼지가 돼버리는 이야기가 있어."****

치치는 노래를 멈추고 관심을 보입니다.

"그래서 어떻게 됐는데?"

이럴 때 궁금증을 바로 해결해버리면 뒷일을 도모하기 어렵지요.

"다음에 엄마 아빠랑 같이 보자. 미리 말해주면 재미없으니까."

"응. 꼭!"

그 무렵 치치는 아침부터 잠드는 순간까지 CD 속 전곡을 따라 불렀습니다. 이 책과 노래 덕분에 생겨난 일이 셀 수 없을 정도로 많았지요. 치치는 모든 수록곡의 노랫말을 다 외운 것은 물론, 언젠가부터 제 나름의 율동까지 만들어 매일 저녁 광란의 쇼를 펼쳤어요. 덕분에 저는 일할 때도 그 노래들이 계속 머릿속에서 맴돌았습니다.

또래보다 말문이 늦게 트였던 치치는 《말놀이 동요집》과 함께하면서 큰 성장을 이루었어요. 이 책은 《산타의 선물》과 함께 치치가 한글을 떼는 데도 큰 공을 세웠지요. 게다가 광란의 저녁들은 숱한 추억을 남겨주었으니 저희 부부에겐 무척 고마운 책이 아닐 수 없습니다.

그런데 이런 일이 성인에게도 가능할까요?

어른이 몇 편의 시를 통해 이토록 즐거운 경험을 할 수 있는 경우는 드물 거라 생각합니다. 예부터 어느 문명을 막론하고 시에 빚지지 않은 문화가 없다고 하지요. 누구보다 문화에 강한 자부심을 가진 한국인의 상당수가 시와 멀어져 있는 지금 상황이 무척 역설적으로 느껴집니다.

그 이유는 아마도 다수의 국민이 입시를 거치며 시를 일종의 암기 과목으로 여기게 되어서가 아닐까요? 밑줄 치고 동그라미를 그리면서 시를 배우면, 정답 이외엔 어떠한 선택지도 가능하지 않다는 이분법으로만 시를 보기 쉽습니다. 시를 고고한 시인이나 학자들만 쓰고 향유하는 대단한 무언가로 여기게 될 수도 있고요.

다섯 살 치치에게 동시는 가장 즐거운 놀이였습니다. 《말놀이 동요집》이 고마웠던 또 하나의 이유지요. 치치에게 시에 대한 좋은 첫인상을 선물해주었으니까요.

열한 살 여름 방학 때 치치는 날마다 시 한 편을 썼어요. 방학 때만 생기는 '깜짝 아빠 숙제'였지요. 치치가 시를 완성하면 작은 보상을 주었습니다.

저는 도서관이나 학교 특강에서, 초등학생에게 간단한 시를 쓰게 하면 얼마나 놀라운 일이 벌어지는지 자주 목격해왔어요. 아이들은 사물을 바라보는 데 편견이 적고, 말이나 글을 다루는 데도 어른보다 자유롭지요. 치치 또한 매일같이 저에게 놀라운 즐거움을 선물해주었습니다.

땀

물은 맑고 깨끗하다
그래서 인간은 물로 온몸을 씻는다
더울 땐 냉수든 정수든 엄청 뜨겁지만 않으면 시원하니까

그런데 땀은 어떤가
조금만 땀이 나도 더럽다 소리를 듣는다
땀도 시원하면 땀으로 씻을 수 있을까?

치치의 시는 '더럽다'라는 말의 기준을 묻고 있습니다. 그리고 그 질문은 정확히 우리 어른들을 향해있지요. 그의 시는 집이나 학교에서 듣는 잔소리를 소재로 할 때가 많은데, 잔소리는 대부분 옳고 그름에 대한 어른들의 고정된 생각에 바탕을 두고 있으니까요.

다수가 당연하다고 여기는 이러한 이분법에 의문을 제기하는 사람을 만나면 우리는 누구보다 그를 존중해주어야 합니다. 이런 의문은 늘 우리 삶에 깊이를 더해주기 때문이지요. 그런 일을 하는 대표적인 사람이 바로 시인입니다.

그런데 우리 곁에는 시인보다 더 자주 만날 수 있는 이들이 있습니다. 바로 아이들입니다. '어린이는 모두 시인'이라는 말은 바로 이런 맥락에서 나온 말일 겁니다.

아이들은 이미 하나같이 훌륭한 시인이자 예술가의 모습을 하고 우리와 함께 살고 있습니다. 그들이 던지는 질문과 그들이 즐거워하는 모든 일 속에, 어쩌면 이분법에 찌들어 성장하지 못하고 머물러있는 우리 어른들을 다시 자라게 하는 힘이 숨어있는지 모릅니다.

아이에게 시를 읽어달라고 부탁해보세요

동시집 중에는 읽어주기에도 스스로 읽기에도 훌륭한 책이 많지만, 선뜻 집어 들기가 쉽지 않지요? 어른이 먼저 시에 대한 편견을 버리고, 아이가 책을 고를 때 동시집 한 권을 끼워 넣어주세요. 의외로 많은 아이가 쉽게 시 읽기의 재미에 빠집니다.

동시집을 읽은 날엔 가장 좋은 시 한 편을 골라 가족 앞에서 낭독해달라고 부탁해보세요. 멋진 '시 낭송의 밤'이 펼쳐질 거예요. 책 읽는 아이와 함께 사는 행복이지요.

취학 전 치치가 좋아했던 '동시로 만든 그림책'과 '동시로 만든 노래집'

《넉 점 반》 윤석중 지음, 이영경 그림, 창비, 2004

《옹달샘》 윤석중 지음, 홍성지 그림, 문학동네, 2008

《시리동동 거미동동》 권윤덕 지음, 창비, 2003

《딱지 따먹기》 백창우 지음, 강우근 그림, 보리, 2002

《봄은 언제 오나요》 이원수, 백창우 지음, 김병호 그림, 보림, 2005

《꽃밭》 윤석중 지음, 김나경 그림, 파랑새, 2010

취학 후, 시의 재미를 알게 해준 좋은 동시집

《초코파이 자전거》 신현림 지음, 홍성지 그림, 비룡소, 2019

《냠냠》 안도현 지음, 설은영 그림, 비룡소, 2019

《숫자 벌레》 함기석 지음, 송희진 그림, 비룡소, 2011

《웃기는 짬뽕》 이준관 엮음, 이보람 그림, 아이앤북, 2013

《너 내가 그럴 줄 알았어》 김용택 지음, 이혜란 그림, 창비, 2008

《콩, 너는 죽었다》 김용택 지음, 김효은 그림, 문학동네, 2018

《라면 맛있게 먹는 법》 권오삼 지음, 윤지회 그림, 문학동네, 2015

치치 엄마의 추천 동시집

《토끼모자》 이호백 지음, 고경숙 그림, 재미마주, 2019

치치 아빠의 추천 동시집

《여우와 포도》 송찬호 지음, 조승연 그림, 문학동네, 2019

*《최승호·방시혁의 말놀이 동요집》 최승호 지음, 윤정주 그림, 비룡소, 2011
**《말놀이 동시집》 최승호 지음, 윤정주 그림, 비룡소, 2005
***《최승호·방시혁의 말놀이 동요집 1》 수록곡 〈돼지〉의 가사
****〈센과 치히로의 행방불명〉 미야자키 하야오 연출, 2002년 작품

아이들은 모두
시인의 얼굴을 하고 있습니다

05 이미 읽은 책을 다시 읽는 까닭

"이꺼, 이꺼, 이꺼. (이거, 이거, 이거.)"

다섯 살 치치는 계속 같은 그림책을 가리키며 고집을 피웠습니다. 같은 책을 여러 번 읽는 건 읽어주는 사람에겐 여간 고역이 아니지요. 하필 고른 책이 긴 분량일 땐 더욱 그렇고요. 치치 엄마는 아직 퇴근 전. 저는 곧 저녁밥을 준비해야 했습니다.

"벌써 두 번이나 읽었는데, 또? 이제 딴 거 보자. 이것도 재밌잖아?"

"아니, 이꺼. 또."

"그럼 이거 읽고 끝이야. 밥 먹기 전에 세 권만 읽기로 했으니까."

"응……."

못 이겨 대답하는 치치의 표정이 금세 어두워집니다. 치사해 보이지만 약속은 약속이니까요. 아이가 됐다고 할 때까지 다 팽개치고 책만 읽어줄 순 없으니까요.

저는 '얼마나 좋으면 이렇게나 자꾸 읽어달라는 걸까?' 생각하며 책을 읽다가, 세 번째 들으면서도 처음 듣는 것처럼 몰입하는 치치의 표정을 보며 살짝 불길한 예감이 들었습니다.

아니나 다를까 치치는 또다시 편법을 일삼습니다. 책을 덮자마자 뻔뻔스레 옆에 놓인 다른 책을 가리켰지요.

"이거뚜……. (이것도…….)"

저는 치치를 노려봅니다. 하지만 제겐 그의 긴 속눈썹만 보일 뿐, 이럴 때 치치는 절대 눈을 마주치지 않습니다. 읽고 싶은 책을 그저 물끄러미 내려다볼 뿐이죠. 마치 뚫어져라 쳐다보는 것만으로 책장이 저절로 넘어가는 마법을 일으킬 수 있다는 듯이요.

"이거뚜우……."

치치는 알고 있는 거죠. 그 마법이 종종 성공한다는 것을요. 고집스레 기다리면 적당한 선에서 다시 책 읽기가 시작되기도 한다는 사실을요. 결국 저는 네 번째 책을 읽어주고서야 저녁을 준비하러 일어설 수 있었습니다.

아이가 그림책을 보는 시기에 누구나 겪어봤을 경험이겠지요. 하지만 우리가 놓치기 쉬운 너무나도 소중한 독서 습관이 여기에 있습니다.

바로 아이가 한 권의 책을 '기꺼이 다시 읽으려 했다'라는 것입니다.

뒤에서 자세히 말씀드리겠지만, 치치에겐 학교에 가든 안 가든 하루 한 권의 책을 읽는 '엄마 숙제'가 있습니다. 일요일을 제외하고 매일 하는 숙제인데, 가끔 치치는 그 시간에 어릴 때처럼 예전에 봤던 책을 다시 꺼내 볼 때가 있어요.

"그거, 이미 읽었던 거 아니야?"

엄마가 묻습니다.

"응, 잠깐 보고 있어."

열두 살 치치는 엄마와 눈도 마주치지 않고 무심히 대답합니다.

원칙대로라면 이미 봤던 책을 다시 읽는 건 엄마 숙제를 완료했다고 인정해주지 않는 일입니다. 그걸 알면서도 가끔 치치는 뭘 하는 건지 자신도 알지 못한 채 읽었던 책에 또 빠져있죠.

한번은 제가 물었습니다.

"봤던 책을 또 보는 건 어떨 때야?"

치치의 대답이 재밌습니다.

"좋아하는 책은 항상 꼬마 책꽂이에 따로 두잖아. 그게 어떨 땐 자길 막 봐달라고 하는 거지. 그래서 제일 재밌는 부분을 펴놓고 봐. 마지막 반전 같은 데 있잖아. 어떨 땐 반전이 일어나기 한참 전부터 보는데, 아예 처음부터 볼 때도 있어."

그럴 때 치치 엄마는 그게 어떤 책인지에 따라 숙제를 한 것으로 인정해 주기도 합니다. 그런데 전 이때가 오히려 진정한 독서에 가까운 경우라고 생각합니다.

여러분은 같은 책을 두 번 이상 읽어본 때가 언제인가요? 그런 경험이 몇 번이나 되나요? 여간해선 어른들은 잘 하지 않는 일이죠.

우리는 습관적으로 우리에게 남은 시간이 유한하다는 관념에 집착합니다. 영어 공부나 운동을 규칙적으로 지속해본 분은 아실 거예요. 따로 시간을 비우기가 얼마나 어려운지를요. 독서 시간을 정할 때도 마찬가지입니다. 어렵게 낸 시간을 읽은 책을 또 읽는 데 낭비하고 싶지 않을 겁니다. 하지만 얼마나 많은 책을 읽었는지가 독서의 성취 기준이 되는 건 경쟁이 낳은 왜곡된 문화입니다.

매번 같은 나라, 같은 도시로 여행을 떠나는 사람에게 이유를 물어보면 대부분 비슷하게 대답합니다. '그 도시는 떠날 때마다 매번 다른 곳이었다' 라고요. 책 읽기도 마찬가지입니다. 엄청난 독서가였다고 전해지는 세종대왕은 《구소수간》*이란 책을 무려 1,100번이나 읽었다고 하지요. 즐겁지 않으면 못 할 일이고, 얻는 게 없다면 하지 않을 일입니다.

독서는 우리에게 허락된 가장 내밀하고 개인적인 경험입니다. 이 시간을 어떻게 보낼지는 오로지 자신의 기준과 가치에 달려있습니다. 독서마저 타인에게 보여야 하는 기준, 독서량으로만 경쟁하듯 읽어야 한다면 무슨 의미가 있을까요? 아이들이 크면서 반복 독서의 재미를 잃어버리게 되는 것도 이러한 경쟁 심리가 작용한 결과겠지요.

아이가 스스로 선택하는 반복 독서는 가장 순수한 독서일 겁니다. 너무나 좋아서 목적마저 사라지는 경지지요. 우리는 좋아하는 일에 빠져 시간을 보내는 동안 그 목적을 생각하지 않습니다. 그런 걸 생각할 틈이 없는 거죠. 목적이 우리를 이끄는 게 아니라 우리가 목적을 이끌기 때문입니다. 진정한 독서라는 게 있다면 바로 이런 모습 아닐까요?

나만의 꼬마 책꽂이를 만들어보세요

우리 가족에게는 식구마다 꼬마 책꽂이가 하나씩 있습니다. 각자 모양도 다르고 쓰임새도 조금씩 다르지만, 여기에는 저마다 가장 가까이 두고 싶은 책을 꽂아놓습니다. 특별 대우를 받는 셈이지요.

꼬마 책꽂이는 따로 사지 않고 마스킹 테이프를 이용해 뚝딱 만들어낼 수도 있습니다. 아이 눈높이에서 가장 잘 보이는 책꽂이, 책상과 가장 가까운 책꽂이에 원하는 만큼의 칸을 정해두고, 그 둘레를 마스킹 테이프로 둘러 테두리를 만드는 거죠. 그 작업을 아이에게 직접 시키면 더 좋아할 겁니다.

꼬마 책꽂이가 완성되면 다정한 목소리로 이렇게 말해주세요.

"꼬마 책꽂이에는 너에게 가장 특별한 책만 꽂는 거야. 계속해서 다시 읽고 싶은 책, 아무리 읽어도 질리지 않는 책을 언제라도 손에 닿을 수 있게 만들어놓는 거지."

*《구소수간》 구양수, 소동파 지음, 글통, 2021

반복 독서는

독서의 본질에 가까운

소중한 습관입니다

06 아이가 좋아하는 책, 어른이 좋아하는 책

언젠가 반려동물을 주제로 한 칼럼을 쓰면서, 열한 살 치치와 함께 동물 캐릭터가 등장하는 그림책 중 각자 좋아하는 책을 골라 내놓았던 적이 있습니다. 오랜만에 그림책을 읽어주던 시절의 추억에 빠져 그 무렵 찍었던 동영상도 꺼내 보고, 책도 한 장씩 넘겨 보며 흐뭇해했던 날이었지요.

그런데 이상했습니다. 각자 고른 두 책 더미 속에 겹치는 작품이 단 한 권도 없었거든요. 우리 둘 중 하나에게 뭔가 문제가 있는 게 아닐까 하는 생각마저 들었습니다.

하지만 두 책 더미에는 국내외에서 큰 상을 받았거나 그림책의 고전으로 자리 잡은 책도 고루 포함돼있었습니다. '그저 취향 차이인가?' 생각하는 참에 치치가 자기가 고른 책들을 만지작거리며 덤덤한 말투로 말했습니다.

"나는 나한테 어떤 교훈을 주려는 책을 꺼리는 경향이 있어."

정말 그랬습니다. 치치가 골라놓은 책 더미엔 노골적인 교훈성 이야기가 하나도 없었지요. 생각해보면 치치는 어릴 적부터 그런 성향을 지니고 있었어요. 그림책을 읽어줄 당시에는 뭘 알고 그랬을까 싶었는데, 녀석의 취향은 그때부터 지금까지 쭉 한결같았던 거죠.

저는 제 취향을 반성하지 않을 수 없었어요. 책과 독서의 목적이 교훈적이고 기능적인 것에만 있을 수 없다고 생각해왔고 늘 그렇게 말하고 다녔으면서도, 무의식중에 '좋은 책'에 대한 기준을 목적에만 맞추었다는 생각에 자괴감이 들 정도였습니다.

제가 고른 책 더미 속에는 '생명이나 가족의 소중함', '평화와 인간에 대한 사랑', '나약하고 작은 존재에 관한 관심'에 이르기까지 실로 가치 있는 주제들을 그림과 이야기로 멋지게 표현해놓은 훌륭한 책이 넘쳐났지만, 치치에게 그런 책은 그저 '나쁘지 않은 책' 정도일 뿐이었습니다.

지금껏 치치가 열광했던 책은 죄다 신나게 놀고 망가뜨리고 어지럽히는 이야기, 지나칠 정도로 자유롭게 생각하고 행동하는 주인공의 이야기였습니다. 치치의 책 더미는 '어디에도 구속되지 않고 자신의 즐거움을 찾는 아이보다 매력적인 건 세상에 없다'라고 말하는듯했지요.

치치가 다니던 어린이집에는 일주일에 한 권씩 책을 주고, 독후 놀이를 하는 프로그램이 있었습니다. 제공되는 책은 한 출판사에서 발행하는 전집이었는데, 전집류를 선호하지 않는 저희 부부가 보기에도 좋은 책이 많았어요. 치치도 그 책들을 버리지 않고 오랫동안 책장에 머무르게 했지요.

한번은 유난히 자주 읽어달라던 책 한 권을 놓고 치치에게 물었습니다.

"《겨울의 마법》*이 왜 좋아?"

"고슴도치가 욱꺼(웃겨)."

치치는 늘 이런 식이었어요. 하긴 책 속 아기 고슴도치가 귀엽고 웃기게 그려져 있긴 했습니다.

자라는 동안 아이가 생각하는 '재미'는 그때그때 옷을 갈아입습니다. '아이들은 단순히 웃긴 것만 찾는다'라는 어른들의 우려와 달리 아이들은 책을 통해 자신에게 맞는 재미와 즐거움을 잘도 찾아내지요. 책 읽기가 가르쳐줄 수 있는 어떤 직접적인 교훈보다도 값진 교훈이 바로 '스스로 재미를 찾아내는 힘' 아닐까요? 여기서 양육자의 역할은 '재미'라는 것이 얼마나 다양한 얼굴을 가졌는지 아이와 함께 살펴보는 일이겠지요.

프랑스 그림책 작가 클로드 퐁티는 한 인터뷰**에서 이렇게 말했습니다.

"흔히 부모님들이 생각하는 나쁜 책은 유익한 내용이 없는 가벼운 기분 전환용 도서일 텐데요, 그런 책을 보는 게 문제라고 생각하지 않습니다. (중략) 오히려 효율성과 목적의식에 사로잡힌 독서가 독서에 대한 아이의 관심을 꺾어버리는 태도입니다."

책 읽는 아이를 두고서 너무 서두르거나 조바심 내지 마세요. 생각보다 아이들은 자기의 일을 충실히, 최선을 다해 해내고 있습니다. 우리에겐 그들의 곁에서 마르지 않는 도서관이 되어주려는 마음가짐이면 충분합니다.

서로의 독서 취향을 알 수 있는 책 놀이

올해의 책 시상식

'이 주의 책', '이달의 책', '올해의 책' 같은 타이틀을 걸고 가족 시상식을 해보는 건 어떨까요? 후보 선정부터 심사 기준, 심사 및 수상자 발표까지, 가능한 한 아이에게 많은 역할을 주고 진행하는 거죠.

상의 종류도 직접 정해보세요.

'배꼽(빠지게 웃기는 책에 주는)상', '눈물(없인 볼 수 없는 책에 주는)상', '자꾸(자꾸 읽어도 또 읽고 싶은 책에 주는)상', '너도(읽어보라고 친구에게 소개하고 싶은 책에 주는)상', '최애 작가(내가 좋아하는 책을 가장 많이 쓴 작가에게 주는)상'.

정성이 담긴 화려한 상장을 만들어도 좋겠지만, 간편하게 점착 메모지에다 미니 상장을 만들어 책에 붙이기만 해도 아이는 흥미로워합니다. 수상 작가 대신 아이가 대리 수상하게 하거나, 심사 위원 역할을 훌륭히 해낸 아이의 수고를 인정해 매번 공로상을 시상한다면 더 재미있어하겠죠? 상품도 꼭 준비해주세요!

인생 책 월드컵

아이와 함께 각자의 책 더미를 만들어보세요. 아이와 부모가 좋아하는 책을 모조리 골라 쌓은 뒤 20권에서 10권으로, 10권에서 5권으로 추리는 방식으로 '인생 책 월드컵'을 해보는 거죠.

겹치는 책이 있다면 왜 그런지, 목록이 다르다면 그 이유는 뭔지 아이에게 물어보세요. 아이와 부모 모두 각자의 취향을 알 수 있는 의미 있는 책 놀이가 될 겁니다. 놀이를 통해 자연스레 책을 고르는 자신만의 노하우도 얻을 수 있지요.

*《겨울의 마법》 매튜 J. 백 지음, 키즈엠, 2015

**《유럽의 그림책 작가들에게 묻다》 최혜진 지음, 은행나무, 2016

어른의 기준을 강요하지 말고
아이의 선택을 응원해주세요

07 책으로 빠져드는 각자의 문

어느 날 치치 엄마에게 물었습니다.

"언제부터 책을 좋아하게 됐어?"

어렵지 않은 질문 같았는데 치치 엄마는 한참을 생각하다 대답했습니다.

"글쎄, 난 책을 좋아했던 기억은 별로 없어."

뜻밖의 대답이었지요. '책을 좋아한다'의 기준이 너무 높은 건 아닌지 의심이 들었습니다.

"너 정도면 책을 좋아하는 편이야."

저는 이렇게 말하고는 책 좋아하는 사람이라면 으레 거쳤을 어릴 적 경험담을 기다렸습니다. 하지만 그녀의 대답은 여전히 뜻밖이었습니다.

"책을 많이 읽은 시기가 없진 않았는데, 난 항상 책보다는 그림을 더 좋아했어. 지금도 그렇고."

"아……."

듣고 보니 그제야 이해되는 부분이 있었습니다. 치치 엄마는 연애 때나 지금이나 영화관과 미술관 중엔 항상 미술관, 놀이공원과 미술관 중에도 늘 미술관을 택했지요. 어떤 경우에도 미술관을 이길 수 있는 데이트 장소는 없었습니다. 하지만 책보다 그림이 좋다니, 그건 좀 의외였어요.

"그림책을 모은 지 오래됐잖아."

몰라도 한참 모른다는 표정으로 치치 엄마가 말했습니다.

"그림보단 싸니까."

"응?"

"그림을 사고 싶지만 그건 너무 비싸고, 내 수준에서 즐길 수 있는 그림 작품이 그림책이었던 거야."

"아……."

치치 엄마와 전 11년 연애 후 결혼했는데 이렇게 서로를 모르고도 가족으로 지냈더군요.

하지만 거기엔 나름의 핑계가 있습니다. 치치 엄마의 첫 직장은 어린이 교육 기업이었어요. 그녀가 맡은 일은 주로 어린이 책을 웹 콘텐츠로 바꾸는 작업이었지요. 날마다 그림책을 접하다 보니 차츰 그 매력에 빠졌다고 합니다. 국내에 없는 그림책은 원서를 구하러 돌아다니기도 하고, 앤서니 브라운처럼 유명 작가의 전시회는 빼놓지 않고 보러 다녔다고 해요.

그런데 당시에 제가 딱 군 복무 중이었던 거죠. 연애하는 동안 유일하게 떨어져 지냈던 2년이 그때였습니다. 제가 없는 동안 치치 엄마를 지켜준 관심거리가 바로 그림책이었던 거예요.

그림책 작가의 실제 그림을 볼 수 있는 '원화전'이란 게 있다는 건 치치 덕분에 알았습니다.

치치가 4살 때, 영유아가 있는 집이라면 한 권쯤 꼭 있는 《배고픈 애벌레》*의 작가 에릭 칼의 원화 전시회가 열렸지요. 치치를 데리고 전시회장에 들어간 지 얼마 되지 않았는데, 치치 엄마가 화가 잔뜩 난 얼굴로 제가 기다리던 카페에 들어섰습니다. 엄마 뒤를 따라 들어오는 치치의 얼굴은 그새 눈물로 범벅이 되어있었지요. 뭔가 큰 문제가 생긴 것 같았어요.

"무슨 일 있었어? 10분밖에 안 지났는데?"

꺼억꺼억 숨이 넘어갈 듯 울먹이던 치치는 저를 보자 더 큰 소리로 울었어요. 그런 치치를 기가 찬 듯 내려다보며 치치 엄마가 말했습니다.

"미술관 바닥에 침을 뱉었어."

"뭐? 치치가?"

저는 순간 동네 불량배들이 길에다 가래침을 뱉는 장면을 떠올리고는 너무 놀라고 당황해 치치를 다그치려 했지요. 그러자 치치 엄마가 저를 말렸습니다.

"나한테 엄청 혼났어. 너무 뭐라 하지 마. 내가 잘못한 거 같아."

"왜, 어쨌는데?"

상황은 이랬습니다. 그날은 치치 엄마의 오랜 로망이 이뤄진 날, 처음으로 아이와 미술관에 간 날이었지요. 관람료가 만만치 않아 저는 카페에서 한 시간 남짓 값진 휴식을 취하기로 하고, 전시는 둘만 보고 오기로 했습니다.

에릭 칼이 워낙 유명한 작가인데다, 그의 국내 최초 원화전이다 보니 미술관 측에서는 야심 차게 '어린이의 눈높이에 맞춘 전문 가이드의 전시 투어 프로그램'이란 걸 준비했지요. 그게 바로 문제의 발단이었습니다.

미술관을 특이한 실내 놀이터 정도로 생각했을 치치는 들어가자마자 여기가 어떤 곳인지 마음껏 탐색해보고 싶었을 거예요. 그런데 이 투어의 '전문 가이드(도슨트 선생님이겠죠.)'는 벽에 걸린 그림은 만질 수 없으며, 그림 앞 바닥에 쳐진 선을 넘으면 안 되고, 바로 옆에 있는 그림이라도 이번 그림의 설명이 끝나야만 자리를 옮길 수 있다고 했겠지요. 이런 기본적인 규칙에 따르지 않는 아이, 혹은 그런 규칙에 익숙하지 않은 연령대의 아이는 동행한 어른이 알아서 제지해야 했을 거고요.

프로그램이 시작되자 치치는 도슨트 선생님의 설명은 들으려 하지 않고, 번번이 선을 넘거나 끊임없이 줄에서 이탈했다고 해요. 그때마다 엄마의 제지가 따랐고 치치는 기분이 나빠졌지요. 마냥 즐거운 곳일 줄 알았는데, 생각지도 못했던 엄격한 분위기는 기대와 너무 달랐을 거예요.

이때부터 치치와 엄마는 감정의 골이 깊어졌고, 실랑이 끝에 치치가 울음을 터뜨렸는데 다량의 눈물과 콧물, 그리고 침이 흘러넘치는 걸 어떻게든 해결하고 싶었나 봐요.

"퉷, 퉤."

놀란 치치 엄마는 단숨에 미술관 바닥부터 닦았지만 더는 거기 있고 싶지 않았겠죠. 오랫동안 별러온 유명 작가의 원화전, 그리고 치치의 첫 미술관 관람이 순식간에 실패로 돌아간 순간이었습니다.

치치 엄마는 치치에게 미술관에 대한 트라우마가 생기진 않을지 걱정했습니다. 다행히 그런 일은 일어나지 않았지만, 무슨 일이든 억지 춘향식의 접근은 위험하다는 걸 깨달은 날이었습니다. 미술관에서 내세운 '어린이의 눈높이' 속에, 얼마나 다양한 각자의 눈높이가 존재하는지도 생각하게 되었지요.

이후 치치는 그림책과 그림을 사랑하는 엄마를 따라 수많은 전시를 보러 다녔습니다. 치치는 한 번 상영에 30분이나 걸리는 비디오 아트 작품을 두 번씩 보기도 하고, 어떤 곳은 대충 휙 지나치기도 하면서 자신만의 속도로 미술관을 관람하더군요. 치치 엄마는 이제 오히려 치치를 따라다니기도 하고, 어떨 땐 무한정 시간을 주고 각자 다른 전시장을 돌기도 합니다. 이후 미술관 안에서 야단을 맞거나 서로 얼굴을 붉히는 일은 생기지 않았습니다. 둘은 미술관에 있을 때 가장 평화로운 상태가 된달까요?

눈높이를 단순히 '수준 차이'로만 파악하는 데서 우리는 실수를 하게 됩니다. 어쩌면 한 사람의 눈높이에는 그 사람을 다른 사람과 구별 짓게 하는 소중한 부분, 즉 그가 어떤 사람인지를 결정짓는 씨앗이 숨겨져 있을지 몰라요.

책을 고르는 각자의 취향, 책을 읽는 속도와 방식 또한 그 사람이 어떤 사람인지 말해줍니다. 치치 엄마와 치치를 보며 저는 그림이나 책에 빠져드는 각자의 문은 따로 있다는 생각이 들었어요. 마치 《해리 포터》 속 기차역에 호그와트행 열차의 승강장이 따로 있는 것처럼요.

그림책 원화전을 추천합니다

비록 치치는 첫 관람에 실패했지만, 에릭 칼처럼 세계적으로 유명한 작가의 원화전이 열린다면 꼭 한번 가보시길 추천합니다. 치치는 이후 '장 자끄 상뻬전'과 '무민 특별전' 같은 원화전을 두루 다녔는데, 이 경험이 미술관에 대한 거부감을 없애고 정적인 분위기의 전시 공간에도 흥미를 갖게 하는 좋은 계기로 작용했거든요.

어른들이 책에서 숱하게 보아온 명작을 직접 보기 위해 미술관에 가는 것처럼, 아이들도 처음 보는 그림보다 익숙한 그림을 더 선호합니다. 그래서 아이들에게 그림책 원화전은 미술관이나 박물관의 진입 장벽을 낮춰주는 역할을 하지요. 다만 어떤 방식으로 관람할지는 아이의 선택에 먼저 귀 기울여주세요.

국내에서 만나는 볼로냐 아동 도서전

매년 열리는 '볼로냐 일러스트 원화전'도 꼭 가볼 만한 전시입니다. 이탈리아에서 열리는 '볼로냐 아동 도서전(Bologna Children's Book Fair)'의 원화들을 국내에서 볼 수 있는 기회지요.

도서관 원화전

유명 작가의 원화전은 일 년에 몇 차례 안 되지만, 그림책 원화전은 생각보다 쉽게 접할 수 있어요. 주로 도서관에서죠.

다수의 그림책 출판사가 국내외 작가의 원화를 무료로 대여해주는데, 많은 도서관이 어린이나 그림책 마니아를 위해 이를 활용하고 있습니다. 도서관에서 원화전이 열린다면 그냥 지나치지 마시고 꼭 즐겨보세요. 대부분 무료 관람입니다.

그림책 전문 미술관

판교 현대백화점 내 '현대어린이책미술관'은 그림책 마니아라면 꼭 한 번쯤 가게 되는 장소입니다. 연령대와 상관없이 대부분의 아이가 좋아하지요. 이곳에선 연중 언제나 그림책 원화의 상설전과 특별전을 관람할 수 있습니다. 유료 전시입니다.

그림책을 좋아하는 분이라면 그림책의 노벨상이라고 불리는 '칼데콧상'과 '케이트 그린어웨이상'이 익숙하실 겁니다. 전북 완주군 삼례책마을에 2021년 개관한 '그림책 미술관'에는 바로 이 칼데콧과 케이트 그린어웨이가 그린 원화와 그림책이 전시되어있습니다. 책 좋아하는 가족에겐 삼례책마을도 볼거리가 많은 장소입니다.

그림책은 글책의 전 단계가 아니에요

"그림책은 몇 살까지 보면 좋을까요?"

이런 질문을 받으면 전 그림책의 적정 연령은 없다고 대답합니다. 저희 집은 지금도 좋은 그림책을 만나면 온 가족이 돌려 보며 즐기니까요. 아마도 그림책을 단순히 글책의 전 단계라 여기는 데서 나온 질문일 텐데, 전혀 그렇지 않습니다. 그림책은 아이가 태어나 처음 접하는 책이자, 예술과 만나는 첫 경험이기도 하니까요.

그림책은 그림의 예술적 상상력에 서사를 결합한 장르예요. 그러니까 좋은 그림책은 좋은 예술 작품을 알기 쉬운 서사와 함께 전달하는 도구이지요. 그림책과 친한 아이들은 미술관과 박물관, 공연장에 대한 거부감 없이 예술과 만날 준비가 된 셈이에요. 그림책은 예술과 책을 이어주는 멋진 다리랍니다.

*《배고픈 애벌레》 에릭 칼 지음, 더큰컴퍼니, 2007

우리는 책으로 빠져드는
각자의 문을 가지고 있습니다

02

우당탕탕
읽기 독립

우리가 넘어지면 일으켜주고

길을 잃으면 손을 잡아 이끌어주세요.

우리가 행복하고 강하게 자라는데

필요한 것들을 주세요.

《우리에게 사랑을 주세요》

데스몬드 투투 지음, 마루벌, 2011

08 '하루 한 권 책 읽기'의 시작

초등학교 입학을 앞둔 무렵 치치 엄마와 저는 치치의 학교생활에 걱정이 많았습니다. 입학이 아이뿐 아니라 부모에게도 엄청나게 두려운 일이라는 걸 그때 알았지요.

"예전에 같은 동네 살았던 건축가 형 말이야. 기억나지?"

치치 엄마에게 제가 물었습니다.

"그 턱수염 기르신 분?"

"맞아. 그 형 딸이 4학년이었을 때, 하루는 아침에 담임 선생님께 전화를 받았대. 아이가 학교에 안 왔다는 거야."

"저런."

치치 엄마의 눈이 커졌습니다.

"부부가 모두 회사에서 뛰쳐나와 등굣길 주변을 미친 듯이 뒤지고 다녔는데도 아이가 없더래."

"휴대폰이 없었나?"

"그땐 애들이 폰 갖고 다니던 때가 아니었지. 그 집도 우리처럼 세 식구 뿐이어서 딱히 도움받을 데도 없었고."

"그래서? 찾았지?"

그녀는 나쁜 결말을 용납할 수 없다는 듯 거듭 물었습니다.

"나간 지 두 시간 만인가, 집에 돌아와 있었대."

치치 엄마는 어느새 하던 일을 멈추고 이야기에 집중하고 있었습니다. 아내는 그 아이의 엄마가 되어있는 듯했어요. 하루하루 다가오는 치치의 입학이 세상에서 가장 큰 일처럼 느껴졌을 때지요.

"근데 왜 학교에 안 갔대?"

"학교 가기가 너무 싫어서 엄청 천천히 걸었는데, 교문 앞에 도착하니깐 큰문은 닫혀있고 쪽문만 열려있더래."

여기까지 들은 그녀는 짧은 순간 아이의 마음속에 들어갔다 나온 듯 말했습니다.

"들어가기가 더 싫어졌겠구나?"

"그럴지도 모르지. 한 시간 넘도록 학교 담을 빙빙 돌다가 집에 왔다더라고."

"무섭다……."

치치 엄마는 '무서웠겠다'가 아니라 '무섭다'라고 말했습니다. 제 얘기 속 상황이 남 일 같지 않았던 거죠.

여전히 아기 같은 말투와 고집스러운 성격, 걸음걸이에서도 아기 티를 벗지 못한 치치가 곧 학교에 간다는 사실이 저희 부부는 여전히 낯설기만 했습니다. 치치와 학교는 아무래도 어울리지 않는 조합처럼 느껴지던 때였으니까요.

"우린 어쩌지?"

치치 엄마가 두려움 가득한 표정으로 물었습니다. 거기다 대고 '아직 일어나지도 않은 일이니, 걱정하지 말자'라는 식으로 미룰 순 없었어요. 하지만 쉽지 않은 문제였지요. 문제를 만나면 반드시 해결해야 한다는 흔한 압박감에 저는 아무 말이나 막 던졌습니다.

"정말 정말 학교 가기 싫다고 하는 날엔 보내지 말자."

"하루 이틀 일이 아니면?"

치치 엄마는 제 허점을 물고 늘어졌지요.

"원인을 찾을 때까진 어쩔 수 없겠지……."

그런 일은 현상보다 원인에 집중해야 할 문제일 겁니다. 원인을 찾지 않는다면 문제를 외면하는 것이나 마찬가지겠지요.

"그렇다고 아이가 며칠씩 학교에 안 가는 불안감을 우리가 이겨낼 수 있을까?"

"이겨내야지. 12년이나 다닐 학교인데 며칠 안 가는 게 문제겠어? 눈앞의 일에만 집착하면 더 큰 문제가 생길 수도 있어."

저도 확신할 순 없었지만, 이렇게 말하고 나면 확신이 생길 것도 같았어요. 그러다 갑자기 결혼 전에 아이들을 가르치면서 해왔던 생각이 떠올랐습니다.

"하루에 책 한 권씩을 읽는다면 언제든 학교 안 가도 되는 걸로 정하면 어때? 그러면서 천천히 원인을 찾아보는 거지."

"그거 좋네."

"만약 학교를 그만두는 일이 생겨도 그것만은 지키는 걸로."

마침내 치치 엄마의 얼굴에 화색이 돌았습니다. 그녀와 저는 이렇게 결심하는 것만으로도 치치의 학교생활에 대한 걱정을 어느 정도 덜어낼 수 있었어요. 그리고 이때의 결정이 지금껏 '엄마 숙제'란 이름으로 남아있는 우리 집의 규칙이 되었지요.

불안감 때문에 생긴 일만은 아니었습니다. 사랑하는 가족과 책 읽는 즐거움을 나누고 싶다는 치치 엄마의 평소 생각과 책 읽기가 학교에 가는 중요한 이유라는 제 생각이 맞아떨어졌기에 가능한 일이었지요.

입학 후, 많은 양의 책을 모두 사주는 건 불가능했기에 일주일에 두세 번은 도서관에 가는 게 일상이 되었어요. 서점에 갔을 땐 평소에 꼭 갖고 싶어 했거나 눈에 띄는 새 책을 선물해주었습니다.

제가 기대하는 학교의 역할은 두 가지예요. 가족을 벗어나 다양한 사람과 관계 맺는 법을 배우는 것, 그리고 아이에게 책과 예술을 사랑할 이유를 제공하는 것이죠.

살아가는 데 필요한 공부와 그에 따른 진학 문제는 아이가 스스로 선택하고 결심하지 않는 이상, 어른들이 밀어붙일 일은 아니라고 생각합니다. 아이가 자신의 진로를 스스로 결정하기 위해선 충분히 생각하고 고민할 시간이 필요하지요. 하지만 아쉽게도 우리 교육 제도는 좀처럼 그걸 허락하지 않는 것 같습니다. 우리 청소년들이 대부분 학교생활을 불행하다고 여기는 이유도 여기에서 오는 것이겠죠.

저와 치치 엄마가 치치의 입학을 준비하며 그 중심에 책 읽기를 놓게 된 가장 큰 이유는, 최상의 결과보다 최악의 상황을 피하고 싶었기 때문입니다. 지금의 학교가 제대로 해줄 수 없는 것, 즉 책 읽는 재미를 알게 해주는 게 최악에 대비한 최선책이라 결론 내렸던 겁니다.

치열한 입시 경쟁과 어른에게조차 가혹한 미래의 불안 속에서 책 읽는 아이의 가능성을 믿는다는 건, 아이의 학원 스케줄을 짜고 이동 시간 절약을 위해 간편식을 챙기고, 힘들여 자가용으로 픽업하는 것보다 훨씬 어려운 일일 수 있습니다. 하지만 어려운 일일수록 더 가치가 있다는 사실을 우리 모두 알고 있지요.

하루 한 권 읽기, 쉽지 않아요

1. 처음부터 욕심내면 안 돼요

'엄마 숙제'는 '아빠 숙제'가 아니라 '학교 숙제'의 반대말입니다. 입학 초반엔 학교 숙제 때문에 실패하는 날이 있을지도 몰라요. 괜찮습니다. 하루 한 권을 읽는다는 게 생각보다 그리 쉬운 일은 아니라는 걸 아이와 부모가 함께 깨닫는 시간이 될 수도 있지요.

치치도 초반에는 한 달 평균 15권 정도를 읽었어요. 성공률이 50%인 셈이죠. 하지만 이게 쌓이면 어마어마한 양이 됩니다. 결국 문제는 지속 가능성이에요. 책을 고르고 읽는 일이 아이와 부모 모두에게 즐거운 일상이 되어야 가능한 이야기지요. 절대 처음부터 욕심내면 안 됩니다.

저학년 아이를 도서관에 데려가 일주일 동안 읽을 책을 고르게 하면 대부분 만화책이나 짧은 그림책을 고릅니다. 처음엔 그래도 상관없어요. 중요한 건 책을 스스로 골랐다는 것, 학교 숙제보단 이게 훨씬 덜 골치 아픈 일, 재밌는 일이라는 생각이 자리 잡는다면 그걸로 충분합니다.

2. 책 고르는 방법

도서관에 가지 않는 날에는 각종 추천 도서 목록이나 신간 목록을 참고해 빌려올 책 목록을 미리 만들어둡니다. 책 고르는 일에 스트레스를 받을 필요는 없습니다. 좋은 책만 골라 읽히겠다는 목표를 가질 필요도 없지요. 아이의 읽기 능력에 맞고 재미있을법한 책들을 가능한 한 많이 골라 담으세요. 예를 들어 '상을 받은 작품은 다 담는다'라거나 '지난주 재미있게 읽었던 출판사의 시리즈를 다 담는다' 식으로 해도 좋습니다. 치치는 스무 권 정도의 목록을 미리 만들어 도서관에 갑니다.

도서관에선 목록에 있는 책을 모조리 찾아 쌓아두고 그중에서 일주일 동안 읽을 책 6~7권을 고르도록 합니다. 아이가 고른 책이 6~7권이 되지 않을 땐 즉석에서 서가를 돌며 권수를 채워오라고 해보세요. 그걸 더 좋아하는 아이도 있습니다.

이때 만화책은 얼마든지 읽어도 상관없지만 '하루 한 권 엄마 숙제'로 쳐주지는 않습니다. 서점에서도 마찬가지예요. 만화책은 특별한 선물이 되어야 하고, 특별한 일이 없을 땐 자신의 용돈으로 사게 합니다.

3. 맘에 드는 책을 못 만나는 일이 훨씬 많아요

막상 빌려왔는데 시간이 없어 펴보지도 못했거나, 끝까지 읽는 데 실패한 책이 있다면 아이에게 물어보세요. "이거 다시 빌릴까?" 하고요.

책 고르기에서 성공은 아이가 매번 "너무 재밌었어" 하는 책을 만나는 게 아니라, 그런 책을 만나기까지 가는 길을 발견하는 거예요. 보통은 마음에 드는 책을 못 만나는 일이 훨씬 더 많아요. 그게 자연스러운 겁니다. 계속 실패할수록 성공이지요. 그러려면 어떤 경우라도 '다른 책을 다시 빌려오면 되니까 괜찮다'라는 신호를 계속 주어야 합니다.

하지만 '이건 정말 좋은 책인데 왜 쳐다보지도 않을까?' 싶을 때가 있긴 합니다. 이땐 부모가 일종의 북 큐레이터나 마케터가 되어 아이의 독서욕을 자극해보세요.

"표지만 봐선 뻔해 보이겠지만 엄청난 비밀이 숨어있는 책이야"라는 식으로요.

아이에게 친근한 사람의 힘을 빌리는 것도 방법입니다. "이거 ○○형이 읽고 너한테 추천한 책이야. 자긴 너무 좋아서, 빌려서 다 읽고 새로 샀대" 하고요.

4. 아이가 할 일

도서관에 가기 전 목록 작성하기, 도서관에서 직접 책 골라오기, 어떤 책을 반납하고 어떤 책을 다시 빌릴지에 대한 선택. 이 모든 과정이 언젠간 아이 스스로 할 수 있는 일이 되어야 합니다. 부모가 아이를 돕는 목적도 여기에 두어야 하지요.

읽을 책을 스스로 선택할 수 있게 되었을 때, 비로소 제대로 된 하루 한 권 읽기가 시작됩니다.

책 읽는 아이의 가능성을 믿는 건
세상에서 가장 어려운 일
그래서 가치있는 일

09 도서관이라서 가능한 일

아이보다 부모가 더 불안했던 시기를 지나 치치는 드디어 초등학교에 입학했습니다. 아이의 등굣길은 기껏해야 걸어서 3분. 학교 정문은 저희 아파트 후문과 나란히 붙어있어서, 베란다 창으로 고갤 내밀면 꼬마 치치가 졸래졸래 학교 안으로 들어가는 모습을 볼 수 있었지요. 별것 아닌 것 같지만 그게 큰 위안이 되더군요.

"엄마, 오늘도 나 학교 들어가는 거 끝까지 내려다봤어?"

엄마 아빠가 학교에 가는 자신을 집에서 보고 있다는 걸 알게 된 후 치치는 자주 이렇게 물었습니다.

"봤지. 그게 얼마나 재밌는 일인데."

"그게 재밌어?"

"엄만 그게 세상에서 제일 신기하고 재밌어."

입학은 단지 아이의 세상이 넓어지는 일일 뿐 아니라, 부모의 세상도 넓어지는 일이었어요. 고민 끝에 하나를 선택하고 돌아서면 또 다른 선택지들이 산더미처럼 기다리고 있었지요. 병원에서 신생아 치치를 데리고 집에 왔을 때와 비슷했습니다. 입학 무렵 바빠진 저 대신, 막 직장을 그만두었던 치치 엄마가 날마다 수많은 선택지를 앞에 두고 낑낑대던 모습이 지금도 기억납니다. 미안한 일이었지요.

어쨌든 치치에겐 이제 언제든 맘 편히 들락거릴 수 있는 '우리 학교 운동장'이란 게 생겼고, '학교 친구들'이 생겼고, 무엇보다 그 학교 학생들만 이용할 수 있는 '프라이빗 도서관'이 생겼습니다. 쉽게 발 닿는 도서관이 늘어나는 건 언제나 반가운 일입니다.

제가 어린 시절을 보낸 부산에는 공공 도서관이 드물었어요. 학교 도서관이 있긴 했지만, 누군가 버렸거나 기증한 게 분명한 한자투성이의 책과 교과 영역에서 크게 벗어나지 않는 따분한 책뿐이었습니다.

그래서 저는 집에서 버스로 한참을 가야 하는 대형 서점에 다니는 게 낙이었습니다. 중1 때부터 일주일에 한두 번씩은 꼭 갔지요. 그때 부산에는 대형 서점이라 부를만한 곳이 두 곳뿐이었습니다. 400만 가까운 인구가 살았던 대도시에 대형 서점이 단 두 곳이었다니……. 단짝 친구와 단둘이 서점에 가는 날이 그래서 더욱 특별하고 소중했습니다.

절 보고 속삭이는 책들 속에서 이리저리 헤매다 보면 두세 시간이 후딱 갔어요. 다만 읽고 싶은 책을 죄다 집에 데려오려면 많은 돈이 필요했습니다. 살 물건을 고르는 일이 다 그렇듯, 책 또한 '사야 할 물건'이 되었을 땐 손에 든 책과 나 사이에 온갖 고민이 끼어들지요.

'날 데려가. 장담하건대, 후회하지 않을 거야.'

'나도 그럴 것 같지만……. 미안해. 오늘은 안 되겠어.'

그 많은 책 중에서 단 한 권만 고르는 건, 매번 너무나 어려운 일이었습니다.

그러던 제가 대학 진학 후 거대한 학교 도서관에 들어섰을 때, 첫 느낌이 어땠을까요? 부자의 기분을 잘 몰라서 정확히 표현할 순 없지만, 정말이지… 부자가 된 기분이었습니다. 언제든 내가 원하는 책을 집에 가져가서 마음껏 읽을 수 있으니까요. 도서관은 그 많은 책과 나 사이에 어떤 고민도 끼어들지 못하는 공간이었어요. 거기선 나를 부르는 책들에게 이렇게 말해줄 수 있습니다.

'그럴까? 오늘 데려갈까? 그러지 뭐. 까짓것.'

요즘 아이들에게 도서관은 어떤 장소일까요? 곳곳에 도서관과 대형 서점이 넘쳐나는 지역이나 저희처럼 책이 많은 집에 사는 아이에겐 도서관을 갈망하는 마음도 적을까요?

그렇지 않습니다. 아이들은 늘 새것에 목말라 있으니까요. 문제는 그게 '어떤 종류의 새로움인가'일 테지요. 그런 점에서 아이는 책과 도서관과 서점을 대하는 양육자의 태도에 크게 영향을 받을 수밖에 없다는 걸 아는 게 중요합니다.

독서가는 책이 진열된 방식만 봐도 책을 대하는 서점 주인의 태도를 알아차립니다. 온라인 서점도 마찬가지입니다. 웹 페이지의 디자인만으로도 책을 상품으로만 보는지, 책에 대한 그 서점만의 철학이 있는지를 알 수 있지요.

예민하고 순수한 아이들이 그 차이를 못 느낄 리 없습니다. 아이들은 부모가, 서점 주인이, 혹은 도서관 사서가 책을 대하는 태도에 어른보다 더 큰 영향을 받을 수밖에 없습니다.

엄마와 함께 도서관에 다녀온 치치에게 제가 물었습니다.

“재밌는 거 많이 빌려왔어?”

“어, 대박! 이거 진짜 갈 때마다 없었는데 빌렸어!”

흥분하며 대답하는 치치를 엄마는 한심하단 표정으로 바라봅니다.

“그 책, 엄마가 예약 대기 걸어둔 거 찾아온 거잖아.”

“아, 그랬다고 했지? 오는 길에 까먹었어. 흐흐흐.”

이런 시간이 저는 참 좋습니다. 치치가 자길 부르며 웅성거리는 책들 속에서 한동안 고심했을 시간을 상상하는 일과, 책을 한 아름 안고 도착했을 때 달라지는 집안 공기 같은 것들이요.

치치가 기꺼이 도서관에 가려는 마음을 낼 때부터 전 이미 기분이 좋아집니다.

“엄마가 이거 내일까지 반납이라고, 읽으려면 이것부터 읽으라고 했어, 안 했어! 왜 딴 책을 읽었어!”

“아, 맞다! 그랬지? 흐흐흐.”

며칠 후 이런 때가 오기도 하지만요.

도서관에 가면 언제든 내 맘대로 읽을 수 있는 책이 수없이 쌓여있고, 그 중엔 반드시 마음에 쏙 드는 보석이 숨어있다는 믿음. 그 보석을 찾아내는 건 세상 누구보다 내가 잘하는 일이란 걸 깨우쳐가는 시간. 아이와 함께 가는 도서관에는 돈으로는 살 수 없는 소중한 경험이 가득합니다.

도서관 100배 활용 비법

도서관의 1인당 대출 권수는 보통 5권입니다. 최대 2주까지 연장 반납도 가능하지요. 특정 요일이나 주간, 행사 기간에는 정해진 권수의 두 배를 빌려주기도 해요. 이 모든 혜택이 어느 도서관에서나 무료로 만들어주는 회원 카드 한 장이면 가능합니다.

한 장의 카드로 전국 주요 도서관에서 총 15권까지 빌릴 수 있는 '책이음 서비스'나 멀리 있는 도서관의 책을 가까운 도서관으로 가져다주는 '책바다 서비스'도 유용한 회원 서비스입니다. 도서관에 원하는 책이 없을 때 서점에서 새 책을 바로 빌릴 수 있는 '희망도서 바로대출 서비스'를 제공하는 도서관도 있어요. 읽고 싶은 신간이 도서관에 없을 때, 직접 신청해보세요.

도서관에서 빌린 책 분류 보관법

저희 집에는 일주일 치의 도서관 책을 담아두는 책 바구니가 있습니다. 치치는 학교 도서관, 아파트 단지 내 도서관, 공립 도서관 등 여러 군데 도서관을 두루 이용하기 때문에, 빌려온 책을 본 것과 안 본 것 또는 안 볼 것, 이렇게 잘 분류해두었다가 도서관별로 섞이지 않게 반납하는 일이 습관이 되어있어요.

빌려온 책을 단순 보관하는 게 아니라, 선반을 이용해 전시하는 방법도 있습니다. 서점에서 베스트셀러를 진열, 전시하는 방식을 떠올려보면 쉬울 거예요. 거실에 기다란 선반을 하나 설치해두고 아이에게 다음에 읽을 책을 전시하게 해보세요.

다 읽은 책에는 메모지에 별점이나 한 줄 평을 적어 붙이게 하고 사진을 찍어 기록해두세요. 아이를 '우리 집 북 큐레이터' 또는 '작은 서점 주인장'으로 임명해주세요.

도서관을 가까이 할수록
아이의 세상은 더욱 넓어집니다

10 책장에 새겨진 가족의 시간

새로 문을 연 동네 도서관에 처음 갔던 날, 치치 엄마가 말했습니다.

"여기 하루 종일 있으래도 있겠어."

새 도서관은 엄청난 규모의 단독 건물인데다 구석구석 신경 쓴 디자인과 산책로를 연상시키는 재미난 동선, 책 찾기의 편의성까지 어디 하나 나무랄 데가 없었습니다. 그러다 보니 주말엔 '책 좋아하는 사람이 이렇게 많았나?' 싶을 정도로 찾는 이가 많아 금세 동네의 핫플레이스가 되었죠. 갈 때마다 늘 설레고 기분이 좋아지는 장소입니다.

도서관에서 빌려온 책을 살펴보면 저희 세 식구는 책을 좋아하게 된 이유만큼이나 취향도 제각각이에요. 읽고 싶은 책이 좀처럼 겹치는 법이 없지요.

책을 빌릴 땐 인근 도서관 세 곳을 순회하는데, 각자 한 도서관에서 빌릴 수 있는 책이 5권씩이니 한 번에 최대 45권까지 대출할 수 있습니다. 에코

백 한가득 책을 담아 집에 돌아오면 세상 그토록 뿌듯할 수가 없어요. 순간 벼락부자가 된 기분입니다. 저희에게 도서관은 아무리 꺼내 써도 줄지 않는 보물 창고인 셈이지요.

지금처럼 도서관을 자주 이용하게 된 건 치치가 태어나면서부터였어요. 그전까지 전 '책은 되도록 사서 읽어야 한다'라는 쪽이었거든요.

사람마다 다르고 책에 따라 다르겠지만, 제 경우엔 밑줄을 긋지 않고선 배길 수 없는 책이 생깁니다. 빌려온 책에 밑줄이 긋고 싶어지면 그 길로 책을 덮고 주문하는 식이지요.

그렇게 주문한 책은 절대 후회하는 법이 없습니다. 쇼핑의 관점에서 보자면 먼저 사용해보고 구매를 결정하는 셈이니 이보다 좋은 조건이 또 있을까요? 책 속 밑줄이나 깨알 메모를 사랑하는 저로선 주변에 아무리 좋은 도서관이 넘쳐나도 부족하다 느낍니다.

이렇다 보니 충동구매도 없지 않습니다. 저는 검색 포털보다 온라인 서점을 더 자주 들여다보기 때문에 새로 나온 책의 유혹에 쉽게 빠지지요. 치치 엄마도 그 점을 잘 알기에, 한 번씩 이렇게 물어봅니다.

"책 주문할 건데 혹시 필요한 거 있어?"

저는 그동안 온라인 서점 보관함에 저장해둔 목록을 열고 한두 권을 골라 보여줍니다.

"이 책이야. 사면 너도 한번 읽어봐."

"딱 봐도 재미없을 거 같은데. 이런 책을 왜 봐?"

"농담이야. 나만 볼 거야."

그러다 저는 그녀의 장바구니에서 치치 몫의 책을 발견하고 묻습니다.

"치치 것도 사줄 거야? 이번에 치치 좋아하던 작가 신간 나왔던데 그것도 사주지."

"그거 이미 빌려서 읽었어. 별로였대."

얼마 전엔 나들이 삼아 이웃 동네에 새로 생긴 서점에 찾아갔습니다. 저희 동넨 신도시라 아직 걸어서 갈 수 있는 대형 서점이 없거든요.

"기대했는데, 실망이야."

서점을 나오며 치치 엄마가 말했습니다.

"그러게. 문구점에다 책 몇 권 갖다 놓고는 대형 서점이라니."

아빠의 말에 치치도 한마디 거들었지요.

"여긴 다시 오지 말자. 내가 봐도 별로야."

요즘 여기저기 다시 생겨나는 헌책방도 저희 식구에겐 좋은 놀이터입니다. 하지만 새 책이든 헌책이든 치치가 읽을 책은 한두 권만 구매하게 합니다. 언제나 신중하게 결정하는 편이지요. 손꼽아 기다리던 시리즈나 만화책이 아닌 이상 치치는 미리 사둔 책은 잘 읽지 않는 습성이 있거든요.

이렇게 각자 사들인 책이 집안 곳곳 책장을 빼곡히 채워가는 동안 우리 가족에겐 어떤 변화가 있었을까요? 열 개 정도 되는 책장을 찬찬히 들여다보면 세 식구의 각기 다른 독서 취향이 그대로 드러나 보입니다. 또 셋이서 함께 살아온 시간만큼 얼키설키 서로에게 영향을 주고받은 흔적도 보이고요.

아내가 결혼 전 사 모았던 그림책들은 태교 때부터 치치와 함께했고, 치치가 아끼는 책들은 저를 인기 팟캐스트의 출연자로 만들어주었습니다. 치치 방 책장에는 제가 쓴 책도 꽂혀있는데, 안타깝게도 치치가 가장 좋아하는 작가 칸에는 들지 못합니다. 그만큼 치치는 취향이 확실하지요.

책장 중 몇 개는 저희만큼 책을 사랑하는 목수 선배가 직접 만들어주었는데, 그중 가장 키가 큰 책장에 치치의 키 눈금이 새겨져 있습니다.

아내의 그림책 컬렉션으로 사용되는 책장에다 치치의 키를 표시한 것이, 처음엔 별 뜻 없이 한 일이었지만 볼 때마다 잘한 일 같아요. 엄마가 사랑하는 책들 옆에 층층이 더해져 가는 눈금이 마치 우리 가족에게 책이 주는 의미와 아이가 자라며 식구들과 관계 맺은 시간을 말해주는 것 같아서지요.

책이 가득한 공간에서 거닐어볼까요

책이 꽉 들어찬 공간은 새로운 생각을 만들어냅니다. 붐비는 대형 서점 말고도 가족과 함께 책 속을 거닐 수 있는 장소는 많지요. 일반 서점이나 도서관과는 다르게 특색 있는 책 전시를 볼 수 있는 곳을 소개합니다.

고창 책마을 해리

폐교를 문화 공간으로 바꾼 명소예요. 50년이 넘은 오래된 건물, 나무 위의 집, 북 카페, 갤러리 같은 다양한 장소를 책으로 채웠지요.

부산 보수동책방골목

헌책방이 밀집한 부산의 명물 거리입니다. 1950년대부터 이어온 역사에서도 알 수 있듯 오래된 책, 지금은 구할 수 없는 귀한 책이 가득합니다.

서울 송파 서울책보고

진귀한 세계 명작 판본을 볼 수 있는 대형 헌책방입니다.

서울 송파책박물관

책과 관련된 상설 및 기획전시, 어린이 교육 프로그램을 운영합니다.

완주 삼례문화예술촌 책박물관

삼례책마을 안에 있는 박물관이에요. 옛날 교과서도 전시하고, 오래된 책방 같은 무인 서점도 있어 과거를 여행하는 기분이 듭니다.

춘천 책과인쇄박물관

책과 전통 인쇄 문화의 소중함을 느낄 수 있는 문화 공간입니다. 김유정 문학촌에서 걸어갈 수 있는 위치여서, 두 명소를 하루에 돌아볼 수 있습니다.

파주 미메시스 아트 뮤지엄

출판사 열린책들에서 운영하는 갤러리, 북카페 겸 서점입니다.

파주 열화당책박물관

열화당 발행인이 40년 동안 모은 동서양 고서와 세계 각국의 아름다운 책이 가득한 박물관입니다.

파주 지혜의숲

국내 최대 책장 규모를 자랑하는 도서관 및 문화 공간입니다. 위층에는 북스테이가 있어, 책과 함께 오래 머무는 여행이 가능합니다.

파주 한길책박물관

인문학 출판사 한길사가 운영하는 박물관입니다. 17~19세기 유럽 고서부터 유명 예술가의 화집까지, 독특한 책을 만날 수 있는 곳이에요.

파주 활판인쇄박물관

파주출판도시 안에 있어요. 3.1 독립선언문 활판도 볼 수 있고, 인쇄 체험, 글쓰기 교육도 진행하지요.

판교 현대어린이책 미술관

국내 최초 '책'을 주제로 한 어린이 미술관입니다. 입장료가 조금 비싸지만, 후회 없는 곳이에요.

책 읽는 가족에게 책장은
함께한 시간을 보여줍니다

11 책 속에 든 손편지

치치에게 매일 책을 읽어주던 시절, 치치 엄마가 멀리 사는 친구의 소식을 전했습니다.

"메이 엄마가 성대 결절 생겨서 치료 중이래."

친구의 딸 메이는 치치와 동갑입니다. 전 무슨 상황인지 짐작이 갔죠.

"설마……. 우리보다 많이 읽어주는 집도 있나?"

치치 엄만 치치가 많이 읽어달라는 아이가 아니라며 손사래를 쳤습니다.

"메이는 앉았다 하면 책꽂이 한 줄을 다 털어버린대."

이후로도 간간이 또래 부모에게서 비슷한 소식을 들었습니다. 그렇게 몸이 상할 정도로 읽어주는 사람도 있는데, 우린 바쁘다는 핑계로 아이가 마음껏 책을 볼 수 없게 만드는 나쁜 부모가 아니었나 자책도 했지요. 우리처럼 아이 하나만 있는 집도 힘든데 두셋씩 있는 집은 어떨까 싶기도 했고요.

하지만 언제나 반성은 짧고 불평은 긴 법. 읽기 지옥에 갇히면 어떻게든 빠져나갈 궁리부터 하게 됩니다.

"아까 아빠한테 짜증 냈으니까 오늘은 네 권만 읽어줄 거야."

지금 생각해도 정말 나쁜 아빠였네요.

'읽기 독립'은 책 읽어주기에 지친 부모가 만들어낸 말이 분명해 보입니다. 말이란 욕망이나 이상을 담는 그릇이기도 하니까요.

요즘엔 학교에 입학하기 직전까지도 한글을 떼기 위해 억지로 애쓰지 않는 부모가 많다고 하지만, 그건 아이에게 책을 읽어주는 일이 아직 견딜 만한 경우가 아닐까 생각해봅니다. 읽어주기에 지친 부모는 아이가 학교에 갈 무렵이 되면 읽기 독립을 염원하는 마음이 간절할 테니까요.

하지만 성인이 되었다고 누구나 경제적 독립을 이룰 수 없는 것처럼, 아이의 읽기 독립에도 지난한 과정이 필요합니다. 때론 독립하겠다고 스스로 선언한 경우라도, 아이가 자전거를 처음 배울 때처럼 어느 시점까지는 손을 놓지 말아야 하죠.

치치가 한글을 뗀 건 다섯 살 무렵이었지만 읽기 독립은 초등학교 입학 후에 이루어졌습니다. 한글을 뗐다고 해서 '그림책 정도는 볼 수 있겠지?' 하며, 책만 던져주고 말아버릴 순 없었어요. 그래서 저희는 2학년 때까지도 그림책을 많이 읽어주었습니다. 그림책 중에는 《고래들의 노래》*나, 《거인 사냥꾼을 조심하세요!》**처럼 마치 작가가 '너흰 그림만 봐. 글은 어른이 읽어줄 거야'라고 말하는 듯 글밥이 상당한 책도 있거든요.

읽기 독립 시기에는 아이가 혼자 읽을 수 있는 책과 그렇지 못한 책을 섞어서 읽어주어야 합니다. 글밥이 적은 그림책을 혼자 보라고 맡겨두었다가 뒤에 다시 읽어주는 거죠. 아이는 어른이 다시 읽어주는 책을 들으며, 자신이 제대로 읽었는지를 확인할 수 있습니다.

초등학교에는 등교 후 수업 전까지 혼자 책을 읽는 '아침 독서 시간'이란 게 있더군요. 치치 엄마는 치치더러 다음날 가져갈 책을 미리 골라두게 한 다음, 가끔 첫 페이지에 점착 메모지에 쓴 편지를 붙여주었습니다.

당시 붙여둔 편지들은 아직 책 속에 그대로 남아있기도 합니다.

치치야~
오늘 새로운 교과서 《국어》랑 《학교》
배우겠구나. 재밌게 수업 듣고,
친구들에게도 좋은 친구가 되어주렴.
우리 정문 앞에서 만나요!
추우면 옷 입은 채로 놀고.
알았지? ♡해

치치가 당시 좋아했던 《백두산 이야기》*** 속 편지입니다. 짧은 편지지만 날마다 이렇게 마음을 내는 게 그리 쉬운 일은 아니었겠죠?

손편지는 때로 세상에서 가장 값진 선물로 느껴집니다. 입학 무렵 낯선 환경에 적응하며, 인생 최대의 변화 앞에 홀로 선 치치에겐 손편지가 큰 힘이 되었을 거예요.

중요한 건 이 편지가 책에 붙어있었다는 거죠. 아침 독서 시간, 책을 펼치면 나오는 엄마의 편지가 치치에겐 오랫동안 '책 읽는 나'를 응원하는 목소리로 느껴졌을 겁니다.

한편 치치 엄마에게는 기쁨의 편지이기도 했습니다. '읽기 독립 만세!' 같은 거죠. 그 무렵 치치는 아침 독서를 통해 혼자 책을 읽고, 일기장에 일기 대신 그날 읽은 책을 기록하는 아이로 성장했으니까요.

0000년 0월 0일 월요일

제목 : 강아지똥 ****

강아지똥을 다시 읽었다. 재미있고 좋은 책이다.
강아지똥이 세상 물건, 생명체 등이랑 만나는 책이다.
(한마디로 '강아지똥의 세계 여행')
그리고 마침내 자신이 필요한 것을 찾아낸 것이다.
이렇게 아무리 쓸모없는 것도 막상 어딘가에는
쓸모가 있다는 것을 알아 기뻤다. ^.^

▲ 치치가 초등학교 입학하던 해 1월에 쓴 일기

어떤 종류의 독립이든 독립은 외롭고 힘든 일입니다. 반드시 누군가의 도움이 필요하고, 힘든 과정을 거칠 수밖에 없지요.

읽기 독립은 처음 타는 자전거와 같습니다. 아이에게 잘 탈 수 있을 때까지 절대 자전거에서 손을 떼지 않겠다고 말해주세요. 넘어져도 다시 일어서면 된다고, 언제나 든든하게 지켜보고 있다고 안심시켜 주세요.

뒤를 잡고 따라가던 우리가 지칠 때쯤 아이는 저 멀리 힘껏 페달을 굴리며 나아가고 있을 거예요.

책 읽어주기,
언제쯤 손을 놓아도 될까요?

한글을 떼고 나서도 한동안 읽어주는 기간이 필요합니다. 읽기 독립 시기에는 스스로 읽고 싶은 책과 부모가 읽어주었으면 하는 책을 섞어서 고르게 하세요. '모든 책을 나 혼자 읽어야 한다'라는 아이의 불안감이 조금이나마 해소될 수 있습니다. 읽기 독립에 필요한 시간을 충분히 보내세요. 치치에게는 남녀 아이 모두에게 사랑받는 《내 이름은 삐삐 롱스타킹》*****을 자기 전 한 챕터씩 읽어주었습니다. 언젠간 꼭 혼자서 읽는 날이 올 거란 마음을 가득 담아서요.

스스로 읽기 시작하면 아이가 제대로 읽는지 지켜봐 주세요. 1, 2학년 때도 꾸준히 확인해야 합니다. 아이가 읽은 책 중 한 권을 무작위로 골라 읽고, 아이에게 줄거리나 인물들의 관계, 읽고 난 감상 등을 물어보는 거죠.

확인 작업을 직접 하기 어렵다고 느끼는 분들이 대개 사교육에 의지하게 되는데, 그럼 부모는 아이의 독서 생활에서 영영 멀어지게 됩니다. 사교육을 시키더라도 한 달에 한 권 정도는 '엄마(아빠)도 그 책이 궁금해서 그래' 하며 대화를 나누는 시간이 필요해요. 이런 시기를 거치면 3, 4학년쯤엔 '네가 읽는 책에 우린 늘 관심이 있다'라는 신호만으로도 아이는 충분히 힘을 얻고 방향을 잃지 않습니다.

*《고래들의 노래》 다이안 셀든 지음, 개리 블라이드 그림, 비룡소, 2017
**《거인 사냥꾼을 조심하세요!》 콜린 맥노튼 지음, 시공주니어, 2017
***《백두산 이야기》 류재수 지음, 보림, 2009

독립의 걸음마 단계에서 해볼 만한 확인 작업

1. 줄거리 말하게 하기

아무리 거친 줄거리라도 상관없습니다. 이 시기엔 책이 그리 두껍지 않아서 부모가 쓱 읽고 함께 줄거리를 완성해볼 수도 있지요.

간혹 깍쟁이처럼 "궁금하면 엄마가 읽어보든가" 하는 아이에겐 "엄마가 읽고 싶게 만들어봐" 하며 승부욕을 자극할 수도 있죠. 아이가 받아들인다면 '가족에게 책을 소개하는 기회'가 될 수도 있습니다. 단, 그렇게 뽑힌 책은 온 가족이 함께 읽어보아야겠지요.

2. 일기나 그림일기를 이용한 간단한 책 소개

아이가 평소 쓰던 일기에 비해 지나친 부담을 느끼면, 책 읽기에도 나쁜 영향이 미치기 때문에 주의가 필요합니다. 일기 쓸 거리가 없는 경우에 "오늘 읽은 책 얘길 써보는 건 어때?"라고 슬쩍 권해보는 정도가 좋습니다.

****《강아지똥》 권정생 지음, 정승각 그림, 길벗어린이, 1996
*****《내 이름은 삐삐 롱스타킹》 아스트리드 린드그렌 지음, 잉리드 방 니만 그림, 시공주니어, 2017

제대로 탈 때까지
절대 놓지 않을게

12 그림책에서 글책으로 넘어가기

"빌려온 책 중에 또 만화책만 다 골라 본 거야?"

치치 엄마는 치치 책상 한쪽에 쌓인 만화책 더미를 보고 혀를 찹니다.

"응. 왜? 그럼 안 돼?"

엄마 속을 모르는 여덟 살 치치는 해맑습니다.

"만화책은 글책 보는 사이사이에 쉬면서 보라고 빌려온 건데……."

"다른 책도 볼 거야. 걱정 마."

속는 셈 치고 믿어보기로 하지만 가족 사이에서 치치는 그리 신뢰도 높은 인물이 못 됩니다. 당시 글책들은 대출 기한을 연장하고도, 그대로 반납되기 일쑤였지요. 모든 일이 계획대로 굴러가진 않습니다.

치치의 독서 생활은 체계적인 계획에 따라 흘러온 게 아니었어요. 계획은 '계획 없이 해보니 안 되더라'라는 깨달음 후에 생겨나기 마련이지요. 이런저런 착오 끝에 여러 계획과 규칙이 생겼고, 늘 예외 없이 예외적 상황이 발생했습니다. 지금도 마찬가지고요.

읽기 독립 시기 만화책의 위력은 대단했습니다. 도서관에 가서도 치치는 여느 아이들처럼 내내 만화책만 보다 오기 일쑤였어요. 이 시기 아이들에게 도서관은 거대한 무료 만화방처럼 보이는 걸까요?

치치는 어떤 책도 만화책의 즐거움을 대신할 수 없다고 여기는 듯했습니다. 이러다간 영영 글책과 친해질 수 없겠다 싶을 정도였죠. '이건 아닌데……' 싶던 중 만난 고마운 책이 있습니다.

《윔피 키드》* 시리즈는 만화가가 쓴 '만화소설'입니다. 미국은 2007년부터, 우리나라에선 2008년부터 발간되기 시작해 시리즈를 거듭하고 있지요. 출간과 동시에 세계적 베스트셀러가 된 이 책은 이미 해외에선 일종의 문화 현상이 돼버려서, 각국 출판사와 방송사가 주최하는 작가의 월드 투어가 진행되기도 했고, 2010년엔 미국에서 영화화되기도 했습니다. 우리나라 사교육계에선 영어 원서 읽기 목록에 들어간 책이라, 국내 출간 전부터 아는 사람은 다 알았죠.

저는 이 책을 통해 '만화소설'이란 장르를 처음 알게 되었어요. 만화와 소설의 중간쯤이라고 할 수 있는 만화소설은 한 페이지에 글과 삽화가 반반씩이라 이해하면 쉽지만, 여기 있는 그림은 삽화가 아닙니다. 삽화는 건너뛰어도 내용을 이해하는 데 문제가 없지만, 만화소설 속 그림은 건너뛸 수 없기 때문이죠. 이 때문에 독자도 글책과는 다르게 받아들입니다.

《윔피 키드》 1권 개정판 출간 당시 치치는 여덟 살이었는데, 이 책 덕분에 글책도 무리 없이 읽는 아이가 되었습니다. 치치에게 이 책은 만화책도 글책도 아닌 그저 '윔피 키드'일 뿐이었어요.

《윔피 키드》 신간이 나오길 손꼽아 기다리는 치치에게 제가 물었습니다.

"이 책이 그렇게 좋은 이유가 있어?"

치치는 고민 없이 이렇게 대답했지요.

"이걸 보면 항상 눈물이 나."

그때만 해도 책의 내용을 잘 몰랐던 저는 '무척 감동적인 이야기인가 보다' 생각했지만 그게 아니었어요. 윔피(wimpy)는 '소심하다, 나약하다, 어리석다'란 뜻으로, 원제를 번역하면 '지질한 아이의 일기' 정도가 됩니다.

"그레그가 불쌍해서 자꾸 보게 돼. 나처럼 하는 일마다 운이 안 따라준다고 생각하는 아이들은 위안을 얻을 거야. 그레그는 세상에서 최고로 운 없는 아이거든."

이렇게 말하는 치치의 눈에서 이 책을 향한 무한한 애정을 느낄 수 있었습니다.

《윔피 키드》 개정판보다 조금 앞선 시기에 출간된 《13층 나무 집》** 시리즈도 빼놓을 수 없는 고마운 책입니다. 호주에서 날아온 이 책 또한 세계적 베스트셀러가 된 만화소설이지요. 《윔피 키드》에 비해 그림의 비중이 더 크고 판타지 요소가 강한 편이에요. 치치는 《13층 나무 집》을 읽는 동안 꿈을 물으면 늘 작가라고 대답했을 정도로 이 책에 푹 빠져있었어요.

이 이야기는 책 속에서 책을 쓰는 이야기고, 얼마 안 남은 기간 동안 (출판사에) 아슬아슬하게 원고를 보내는 이야기다.

▲ 2학년 치치의 독서록 일부

0000년 0월 0일 월요일

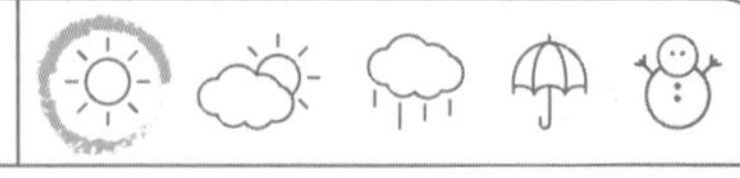

테리에게

앞으로 91층 나무 집은 어떻게 지을 거야?

집에 마술방을 만들면 좋겠어. 왜냐하면 필요한 걸 모두 다

마술로 만들 수 있잖아.

안녕. 91층에서 답장 보내줘.

▲ 2학년 치치의 일기 일부

지나고 보니 만화책에서 글책으로 넘어가는 이 시기가 저는 대단히 중요했다고 생각됩니다. 그림책이 익숙한 아이에게 글밥이 많은 책은 시각적으로 지루하기 짝이 없는 물건일 거예요. 이때를 놓치지 않고 아이의 독서 생활로 훅 들어오는 장애물이 만화책입니다. 만화책 자체가 나쁘다는 게 아닙니다. 글책의 즐거움을 알 기회를 빼앗는 게 문제라는 거죠. 이 시기에는 글책의 시각적 지루함을 덜어주는 것만으로도 아이에게 큰 도움이 됩니다. 그런 의미에서 만화소설은 책으로 책 읽기를 유도하는 책이랄까요.

아이들은 대부분 글책보다 그림책을 먼저 접합니다. 첫사랑인 셈이죠. 떠나보내기가 어려울 수밖에 없습니다.

하지만 굳이 떠나보낼 필요가 없는 첫사랑도 있습니다. 새로운 사랑을 만날 때까지 내버려 두어도 되지요. 우리가 할 일은 아이에게 더 매력 있는 글책을 계속 소개해주는 겁니다.

'만화소설'을 읽을 땐 주의가 필요해요

아무리 좋은 책이라도 억지로 읽혀선 안 되겠죠? 항상 아이의 의사를 물어보는 것이 우선입니다. 인기가 있는 책도 우리 아이는 좋아하지 않을 수 있으니까요. 아이가 취향에 맞는 책을 찾을 수 있도록 도와주세요.

꼭 만화소설이 아니어도 글이 많은 그림책을 적절히 섞어주는 것만으로 읽기 독립 시기를 잘 지나는 아이도 있습니다. 아이가 스스로 잘 읽는데, 굳이 만화소설을 안겨 줄 필요는 없습니다.

글밥 있는 책을 어느 정도 읽게 되면, 만화소설을 독서의 범주에서 제외해주세요. 치치도 1, 2학년 때만 《윔피 키드》 같은 만화소설을 독서로 인정했고, 3학년 무렵부터 엄마 숙제로 쳐주지 않았습니다. 장르의 특성상 더 자극적인 만화소설을 원하는 시기가 오기 때문입니다. 만화소설은 만화책이 아닌 글책으로 넘어가는 징검다리가 되어야 합니다.

*《윔피 키드》 제프 키니 지음, 미래엔아이세움, 2016
**《13층 나무 집》 앤디 그리피스 지음, 테리 덴톤 그림, 시공주니어, 2015

신나게 따라가다 보면
책과 친해지게 될 거야

13 독후 활동의 부담을 내려놓으세요

"아빠, 이거 봐봐."

아홉 살 치치가 책 한 권을 들이밀었습니다. 헌책방에서 사준 하민석 작가의 만화 《안녕, 전우치?》*였지요. 서툰 솜씨로 표지를 반쯤 감싼 하늘색 도화지가 눈에 들어왔습니다. 도화지에는 연필로 그린 그림과 글씨도 있었어요.

도화지는 치치가 직접 만든 띠지였습니다. 서툴지만 제법 정성을 들인 흔적이 역력했지요.

"네가 만든 거야?"

"응. 선생님이 집에 있는 책 중에 제일 좋아하는 책을 갖고 오라 하셨거든. 그래서 오늘 학교에서 만든 거야."

치치의 표정과 목소리엔 '이걸 칭찬 안 해주고 어쩔 거야?'라는 메시지가 가득했습니다. 아빠의 반응을 기다리는 치치와 띠지에 그려진 조악한 그림을 번갈아 보던 저는 웃음이 났습니다.

"잘 만들었다! 전우치가 도술을 부려서 네 밥상을 차려준 거야?"

"응. '얍!' 이렇게."

치치는 손날을 세워 도술 부리는 시늉을 했습니다.

그림 속 밥상에는 여러 가지 반찬이 놓여있었습니다. 치치 엄마는 그림에서 제가 놓친 부분을 가리켰지요.

"이게 뭔지 알겠어?"

가만 보니 멸치처럼 생긴 생선 한 마리가 접시 위에 올려져 있었습니다. 그제야 저는 눈치챘어요.

"네가 젤 좋아하는 통갈치구이도 있네?"

치치가 기뻐하며 대답했습니다.

"전우치니까, 내가 말 안 해도 안 거지."

열두 살 치치는 자기가 아끼는 책에다 이런 짓을 했던 게 후회된다고 합니다. 하지만 저는 치치가 띠지를 보여줄 때 얼마나 행복한 얼굴이었는지 잊을 수가 없습니다.

띠지를 만들던 즈음 《안녕, 전우치?》는 치치가 틈만 나면 보고 또 보던, 그러다가 하루에도 몇 번씩 제게 가져와 웃긴 장면을 들이밀던 책이었습니다. 지금도 치치는 하민석 작가를 꼭 한번 만나보고 싶은 작가 중 한 명으로 꼽지요.

어린 독자에게 이토록 열렬한 사랑을 받는 작가는 얼마나 행복할까요? 같은 어린이 책 작가로서 부럽기까지 합니다. 비록 학교에서 시켜서 한 독후 활동이지만, 치치가 띠지를 만들 때의 정성과 기쁨은 마음에서 우러나온 '진짜 재미'였으니까요.

하지만 이후 어떤 책으로도 치치는 띠지를 만든 적이 없어요. 그만큼 재미있고 의미 있는 일이라면 다른 책에도 하나쯤은 만들어봄 직하지만, 우리 아이들은 생각보다 바쁘고, 그보다 재미있는 일은 너무나 많습니다.

앞에 썼던 '진짜 독서는 책을 덮고 난 후에 비로소 시작됩니다'라는 말을 '독후 활동이 중요하다'라는 뜻으로 오해하면 곤란합니다.

대부분의 독후 활동은 '읽은 책의 내용을 허투루 흘려버리지 않게 하고, 반드시 무언가를 얻어내는 것'이 목적입니다. 그런데 치치는 어릴 적부터 이러한 목적의식을 귀신같이 눈치채고 거부감을 보였습니다. 그는 자기 스스로 찾은 재미가 아닌 이상 그 어떤 독후 활동, 심지어 어린이집에서 했던 그 어떤 책 놀이에도 심드렁했지요. 치치는 독후 활동을 어른이 회사에서 맡는 업무처럼 느끼는 것 같았습니다.

단지 치치만 그런 것은 아닐 거예요. 왜냐하면 인간은 '스스로 찾은 재미'인지 아닌지에 생각보다 예민하기 때문이지요. 한번 재미없게 본 영화가 출연 배우의 무대 인사를 봤다고 해서 재미있게 느껴질 리 없고, 책 속 문장으로 캘리그래피를 해봤다고 한번 별로였던 책이 다시 보이지도 않습니다. 어른도 마찬가지인 거죠.

많은 부모가 독후 활동에 부담을 느낍니다. 혼자서 지도하기에 불가능한 일이라 판단하는 순간 각종 사교육을 찾아보게 되지요. 저는 먼저 부모부터 독후 활동의 부담에서 벗어나야 한다고 생각해요. 독후 활동은 기억에 남는 한때의 경험으로 충분합니다. 책 읽기는 그 자체로 즐거운 일이 되어야 합니다.

만약 바람직한 독후 활동이란 게 있다면 반복 독서, 즉 다시 읽기 정도를 꼽을 수 있을 거예요. 그것도 아이가 '스스로 찾은 재미'일 때 말이지요.

책을 덮고 난 후 시작되는 생각 중엔 다시 읽을지 말지에 대한 선택도 포함돼 있습니다. 가장 좋은 독후 활동은 아무래도 덮었던 책을 스스로 다시 펴는 일 같습니다.

독후 활동 말고 책 놀이를 해보세요

책 놀이는 아이 스스로 엄청나게 재밌다고 느낀 책으로만 할 수 있습니다. 읽은 다음 뭔가 하지 않고선 못 배길 것 같은 마음일 때만 가능하지요. 그래서 기회를 잘 엿보는 게 중요해요. 책을 덮은 후 너무 재밌어 죽겠다는 반응일 때 슬며시 제안해볼 만한 책 놀이입니다.

온 가족 릴레이 줄거리 말하기

온 가족이 같은 책을 읽었을 때 할 수 있는 책 놀이입니다. 자기 순서가 되면 말하고 싶은 부분까지만 줄거리를 말하고, 그 뒤의 줄거리는 다음 사람이 이어가는 방식으로 진행합니다.

한 줄 평 전시

점착 메모지에 한 줄 평을 적게 한 뒤, 책 표지에 붙여 일정 기간 아이 방에 전시해둡니다. 빌린 책일 땐, 사진으로 꼭 남겨두세요.

제목 바꿔 달아보기

읽은 책의 제목을 바꿔본다면 무엇으로 할지 물어보고, 책 표지의 제목 부분에 넓은 마스킹 테이프를 붙여 새로 지은 제목을 써줍니다. 마스킹 테이프가 떨어질 수 있으니 이 놀이 역시 꼭 사진을 찍어두세요.

마음에 드는 페이지에 낙서하기 또는 스티커 붙이기

구입한 책이면 언제든 해볼 수 있는 놀이입니다. 물론 아이가 책에 낙서하는 것을 싫어하는 성격이면 할 수 없겠지요. 하지만 아이는 놀고 싶어 하는데 부모님이 거부감이 드신다면 이렇게 생각해보면 어떨까요? '책을 소중하게 여기는 것'과 '좋아하는 책에 나만의 언어를 그려 넣는 것'은 분명 다르다고요. 아이의 낙서는 소중한 추억이 되니까 전적으로 환영할 일이라고요.

띠지 만들기

띠지는 서점에서도 매대 위에 놓인 책에서만 확인할 수 있지요. 그러니 띠지를 만들었다면 반드시 책을 세워서 전시해주세요. 첫 작품을 전시하면 두 번째 작품도 기대해볼 만합니다.

숨은 그림 찾기/다른 그림 찾기/작가의 다른 책에서 공통된 그림 찾아보기

그림책의 경우 작가가 숨겨놓은 비밀 그림을 발견할 때가 종종 있어요. 작가들이 우리에게 건네는 농담 같은 거지요. 예를 들어 안녕달 작가의 그림책 《메리》**에는 강아지 메리가 싸놓은 똥 덩어리가 자주 등장하는데 그 옆엔 매번 민들레 꽃이 피어있어요. 권정생 선생님의 《강아지똥》이 생각나는 장면이지요. 이지은 작가의 《팥빙수의 전설》*** 속 수많은 호랑이 분신 중에는 수염 없는 호랑이가 꼭 한 마리 숨어있고요.

이렇게 무심코 지나칠 수 있는 작은 배경 속에도 작가는 농담 같은 선물을 숨겨놓길 좋아한답니다. 또는 한 작가의 다른 책에서 공통된 그림을 발견하는 일도 정말 재미있습니다. 처음 방법만 알려주면 어느새 우리보다 아이들이 훨씬 잘 찾는다는 걸 알게 될 거예요. 그때마다 꼭 안고 폭풍 칭찬을 퍼부어주세요.

---

*《안녕, 전우치?》 하민석 지음, 보리, 2010
**《메리》 안녕달 지음, 사계절, 2017
***《팥빙수의 전설》 이지은 지음, 웅진주니어, 2019

책 읽기는 그 자체로
즐거운 일이 되어야 합니다

14 만화책에 눈뜰 때

치치가 본격적으로 만화책의 세계에 빠져든 건, 아파트 옆 동에 사는 아이가 빌려준 수십 권의 《코믹 메이플스토리 오프라인 RPG》* 시리즈를 상자째 집에 들였을 때부터였습니다. 100편까지 나오고 완결됐다고 알고 있는데, 치치는 그중에서 여든 권 정도를 봤지요.

"아빠, 여기 좀 봐봐."

《코믹 메이플스토리 오프라인 RPG》를 들고 제 방에 들어서는 치치는 매번 벌게진 얼굴로 큭큭거리며 웃느라 몸조차 제대로 가누지 못했습니다. 옆방에서 한차례 웃음이 터진 걸 들었을 때부터 이미 전 단단히 마음을 먹고 있었지요. 실수로 웃음을 터뜨리기라도 하면 치치는 계속해서 다시 오기 때문입니다.

"왜 또 그래……. 아빤 그거 하나도 안 웃기다고 했잖아."

"아냐, 일단 한번 봐봐. 이건 무조건 웃겨."

치치는 장담하며 손으로 웃음 포인트를 가리킵니다. 대체로 똥이나 방귀 따위를 이용해 억지로 웃기는 장면이었기 때문에 안 웃길 때가 훨씬 많지만, 어쩌다 정말 웃긴 상황도 있긴 했지요.

"흑큭큭흑, 와하하하하하!"

참는다고 참았으나 웃음이 터질 때면 망했단 생각이 듭니다. 어김없이 치치는 몇 분 후 다시 찾아와 웃음을 강요했으니까요.

저는 어릴 때도 그다지 만화책을 즐기는 편이 아니었습니다. 친구들이 몇 번이나 보라고 들이밀면 마지못해 한두 권 읽다 마는 식이었지요. 오세영, 박흥용, 최규석 같은 걸출한 작가들을 알게 되면서 서른을 넘기고서야 얕은 관심이 생겼달까요. 요즘 안 보는 사람이 없다는 웹툰도 저에겐 강풀, 주호민 정도가 아는 작가의 전부입니다.

하지만 저도 만화의 매력을 모르지 않습니다. 훌륭한 작품이 수없이 존재한다는 사실도 알고요. 반대로 단순히 많이 팔기 위해 만든 허술한 글책도 수두룩하다는 걸 알고 있습니다. 만화와 저의 강한 인연은 아직 일어나지 않은 일일 뿐, 어느 때고 어떤 기회를 통해서든 마니아가 될 가능성은 열려있지요.

치치는 만화책과 글책을 반반 정도 비율로 보는 것 같습니다. 요즘 들어 게임에 빠지면서 만화책 볼 시간이 많이 없어지긴 했지만요.

아이들에게 '만화책과 글책 중 하나만 고른다면 어떤 걸 볼래?'라고 묻는다면 당연히 만화 쪽을 선택할 겁니다. 이걸 비난하려면 만화책이 글책보다 못하다는 걸 이해시켜야 하겠지요. 하지만 이 둘은 형식에 차이가 있을 뿐, 누가 더 낫고 말고를 판단할 수는 없습니다.

만화책이 글책 독서에 미치는 영향에는 순기능과 역기능이 모두 있다고 생각해요. 먼저 순기능은 글에서 중요 포인트를 알아채는 감각을 익히도록 돕는다는 것입니다.

글책에 비해 만화책은 훨씬 빠른 속도로 책장이 넘어갑니다. 결코 글의 양이 적어서만은 아닙니다. 만화책을 볼 때 아이들은 다음 내용이 궁금해서 빠르게 페이지를 넘기니까요. 그 과정에서 상대적으로 중요하지 않은 내용은 대충 보아 넘기지요. 이때 아이는 말풍선 속 글과 그림이 한꺼번에 읽히는 신기한 경험을 합니다. 어떤 부분이 중요하고 덜 중요한지 판단하는 감각은 글책을 읽을 때도 필요하지요.

그렇다고 만화책을 읽으며 체득한 감각이 글책에도 그대로 적용될 수 있는지는 의문입니다. 자칫하면 '대충 빠르게' 읽는 속독의 함정에 빠지기 쉬우니까요.

만화책이 독서에 미치는 역기능은 '재미'의 범위를 축소시킨다는 것입니다.

자기만의 독서 취향을 가지려면 여러 가지 재미를 경험해봐야 합니다. 그런데 초등학생 대상 만화 중에는 웃지 않고선 못 배기게 하는 요소들, 이를테면 똥과 방귀, 말장난, 이야기 흐름과 무관한 몸 개그처럼 억지웃음을 유발하는 장치로 어린 독자를 현혹하는 책이 유독 많습니다.

이런 자극적인 소재만을 재미라고 여기게 된다면 글책 속 다른 재미에 눈뜨기 어렵겠지요. 특히 시중에 널린 초등용 학습만화에서 이런 특징이 두드러지기 때문에 주의가 필요합니다.

앞서 강조했듯 모든 만화책이 다 저급한 재미를 내세우는 건 아닙니다. 그런데도 이렇게 힘주어 말하는 이유는 아이들에게 가장 손 닿기 쉬운 곳(서점의 어린이 코너, 도서관, 동네 병원 등)에 이런 만화들이 자리하고 있기 때문이에요.

덧붙이자면, 똥이나 방귀 소재가 나쁜 것도 아닙니다. 이런 재미는 어릴수록 가장 자연스러운 웃음 포인트가 되니까요. 하지만 아이가 자랄수록 재미의 종류도 함께 확장되어야 합니다. 글책과 만화책 읽기가 자연스레 섞여야 하는 이유입니다.

치치는 만화책을 보는 것에 별다른 제약을 받지 않습니다. 다만 만화책은 하루 한 권 엄마 숙제에 포함해주지 않아요. 만화책 읽기를 독서라 생각하지 않아서가 아니라, 세상의 다양한 재미를 알기 위해 글책 독서가 꼭 필요하다고 생각하기 때문입니다.

만화책,
사줘야 할까요?

만화책은 도서관에서 신간을 구하기가 쉽지 않습니다. 있다고 해도 누군가 끊임없이 대출해가지요. 그래서 부득이하게 만화책을 구매하는 일이 생깁니다. 그럴 땐 아이의 용돈으로 사게 하세요. 아이는 제가 가진 돈을 들일 만큼 꼭 갖고 싶은 만화책인지, 한 번 더 생각하게 됩니다.

특별한 날이나 칭찬받을 일이 있을 때, 선물로 주는 것도 괜찮습니다. 하지만 그땐 만화책 한 권에 글책 한 권을 함께 사주세요. 아이에게 다양한 재미를 선물하고 싶다는 마음을 가득 담아서 말이죠.

---

*《코믹 메이플스토리 오프라인 RPG》 송도수 지음, 서정은 그림, 서울문화사, 2004

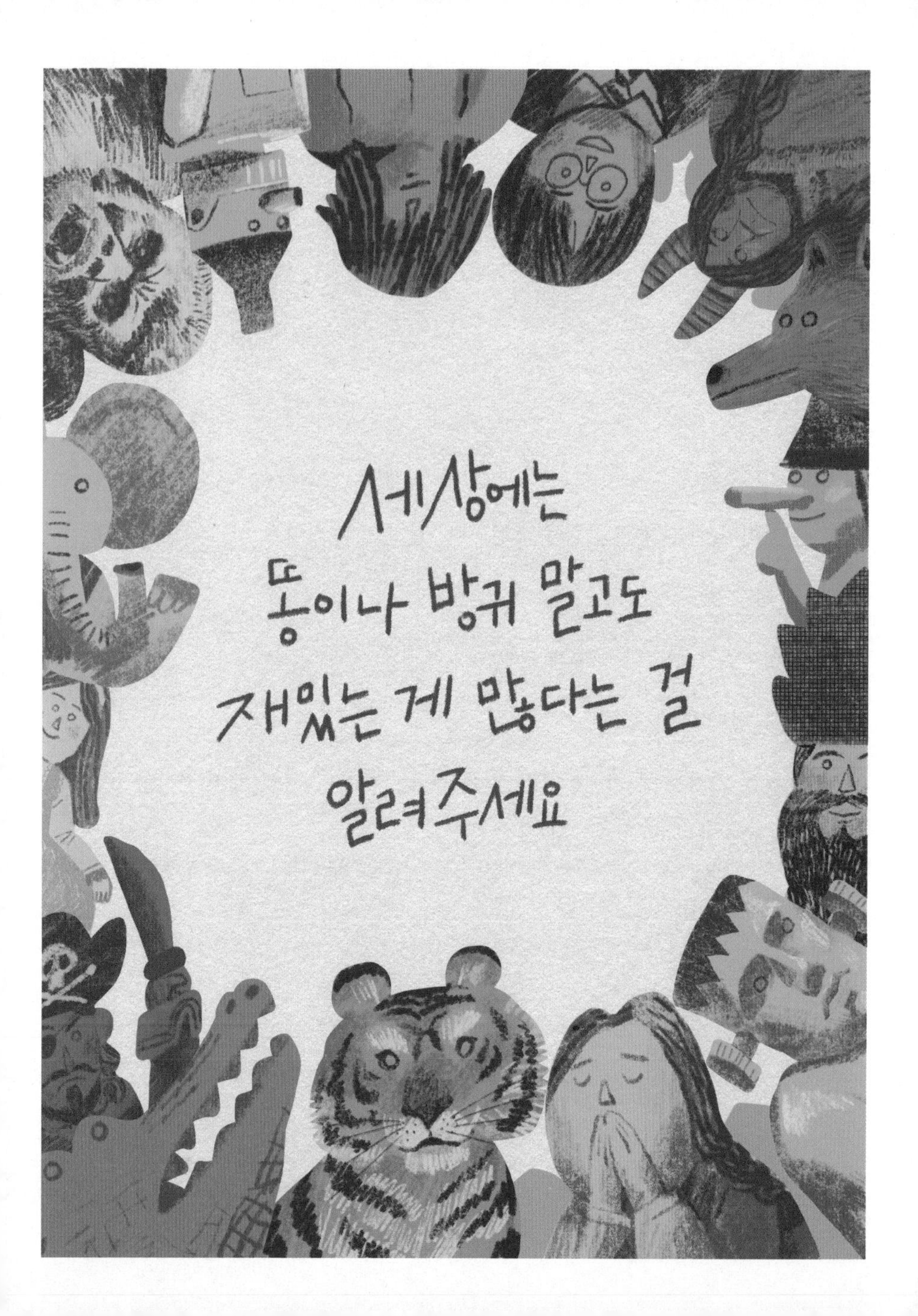
세상에는
똥이나 방귀 말고도
재밌는 게 많다는 걸
알려주세요

15 《마법천자문》의 습격

"바람 풍!"

치치가 저를 향해 장풍을 날립니다. 전 손가락 하나로 쉽게 막아내지요.

"막을 방."

치치는 고심하다 이렇게 되받습니다.

"그렇다면, 불꽃 염!"

저는 치치가 불 '화'가 아닌 불꽃 '염'을 말했다는 사실에 대견함을 느끼며 불을 끕니다.

"물 수!"

치치는 분을 삭이는 듯 눈을 감았지요.

"흥. 참아야지. 참을 인."

이때다 싶어 전 놀이를 끝내려 합니다.

"네, 계속 참으시고요. 전 갈게요."

"이 녀석, 도망치는 거냐!"

아빠 악당이 대결을 그만두려는 걸 눈치채고 흘겨보던 치치의 찢어진 눈이 기억납니다.

《마법천자문》*을 탐독하던 일곱 살 치치는 어느 날부터 이런 장난을 걸어왔습니다. 그때까지만 해도 바람처럼 잠시 지나가는 일이라 생각했지요. 하지만 치치는 방과 후 수업으로 '한자 교실'을 신청해달라고 하더니 한동안 한자 공부에 재미를 붙였습니다. 자진해서 본 세 번의 한자급수자격검정시험에도 모두 합격했고요. 한자 습득이 우리말 어휘력에 얼마나 큰 도움을 주는지 알기에, 치치 스스로 시작한 한자 공부는 분명 놀랍고 대견한 일이었습니다.

《마법천자문》은 치치가 단 한 권도 빠뜨리지 않고 읽은 학습만화입니다. 출판계의 전설 같은 판매량 2천5백만 부에 치치도 일조한 셈이지요.

이 책은 서유기 속 인물을 캐릭터 삼고 천자문의 한 자 한 자를 마법의 주문처럼 만들어 한자에 흥미를 불러일으키는, 말 그대로 마법과 같은 책입니다. 한자의 부수나 획순처럼 흥미를 방해하는 요소를 제거함으로써 어린 독자들에게 어필하겠다는 치밀한 기획 의도를 갖고 세상에 나왔지요. 책을 사면 마법 카드까지 딸려 나오는, 단단히 작정하고 만든 기획 출판물입니다. 《마법천자문》에서 파생된 애니메이션, 뮤지컬, 게임 콘텐츠로 벌어들인 누적 매출이 1천억 원을 넘겼다 하니, 작가인 저로서는 '출판으로 이런 일이 생길 수도 있구나' 신기하기만 합니다.

출판사가 저가 항공사를 인수할 정도로 엄청난 매출을 올린 《why?》** 시리즈가 내용 면에서 여러 문제점(성 인지 감수성 부족, 역사 편향, 과학 지식 왜곡 등)을 지적받는 것과 달리, 《마법천자문》은 성인이 된 독자들이 마니아층을 형성했을 정도로 스토리가 탄탄하다는 강점도 있지요.

저도 중학교 시절, 학습만화의 도움을 톡톡히 받은 경험이 있습니다. 암기 과목에 약한 편이 아니었는데도 국사 시험공부에 애를 먹었지요. 국사 선생님께서 모든 시험의 출제 범위를 이전 시험에 누적한다고 결정하고부터였어요. 암기 과목이란 게, 공들여 외운 내용도 시험만 끝나면 머릿속에서 까맣게 지워지잖아요? 당시 저를 포함한 반 아이 대부분이 반 토막 난 국사 성적에 경악했던 게 기억납니다.

그런데 같은 반 친구 하나는 이런 가혹한 상황에도 코털 하나 꿈쩍하지 않았어요. 그는 심지어 시험공부를 전혀 하지 않고도 당일 아침 국사 노트만 한번 쓱 보고는 만점을 맞았습니다. 처음엔 그가 죽어라 공부해놓고 허세를 떠느라 거짓말을 한다고 생각했어요.

어느 날 그 친구가 역사 공부를 도와준다며 저를 집으로 데려가더니 난데없이 만화책 한 질을 내밀었습니다. 계몽사에서 나온 총 21권짜리 전집 《학습만화 한국사》***였지요.

"난 이거 처음부터 끝까지 열 번 정도 봤는데, 그러고 나서 국사 시험공부를 따로 한 적이 없어."

중3씩이나 돼서 만화로 시험공부를 하려니 자존심이 상했지만, 저는 친구가 시키는 대로 시험 범위에 해당하는 부분을 읽었습니다. 밤이 늦어 미처 읽지 못한 분량은 집에 빌려왔지요.

국사 시험에서 전 친구와 함께 만점을 받았습니다. 그리고 친구의 말이 거짓이 아니었단 걸 알게 됐지요. 그 책은 교과서만으로는 이해되지 않았던 사건들 사이에 맥락을 채워 넣어, 전체 이야기를 머릿속에 그릴 수 있게 해줬으니까요.

며칠 후 저는 부모님을 졸라 보수동 헌책방에서 같은 시리즈의 한국사와 세계사 전집을 싣고 왔습니다. 시험을 위해 만화책을, 그것도 전집으로 두 질이나 사는 건 당시 부모님으로선 이해하기 힘든 일이었을 거예요. 만점을 받았기에 가능했는지도 몰라요.

나중에 알게 된 사실인데, 이 두 전집 만화는 한국 만화계의 뉴 웨이브를 이끌었다고 평가받는 '작가주의 만화가', 후에 제가 그토록 팬이라고 떠들고 다녔던 박흥용 작가의 작품이었습니다. 고등학교 입시가 끝난 후 다시 헌책방에 되팔았는데 제가 왜 그랬을까요…….

당시엔 학습만화가 흔치 않았습니다. 지금의 학습만화와는 고민의 지점도, 기획 의도도 무척 달랐고요. 지금도 찾아보면 분명 학습에 도움이 '되기도' 하는 만화책이 있을 거라고 생각합니다. 하지만 최근에 출간되는 대부분의 학습만화에는 간과하기 힘든 단점이 있습니다. 그리고 그런 문제점은 주로 역사 이외 분야의 학습만화에서 나타납니다.

역사와 만화는 서로 결합하기 쉬운 공통점이 있지요. 둘 다 '이야기'를 기반으로 한다는 점입니다. 다양한 사건과 복잡한 인물 관계를 간단한 연표처럼 만들어버린 교과서가 오히려 올바른 역사 학습을 방해하는 책일 수도 있습니다. 역사는 철학이 깊고 역사의식이 풍부한 만화가가 그린 만화책으로 배우는 게 더 바람직할 수 있어요.

하지만 나머지 교과는 다릅니다. 음악과 미술은 실습이 중요하고, 과학은 실험이 중요하듯, 논리적인 사고가 필요한 과목은 지식을 이야기로 뭉뚱그리는 만화와 어울리지 않습니다. 교과의 본질과 동떨어진 과장된 이야기와 억지웃음으로 일관하는 학습만화는 아이의 독서 습관을 방해하는 요소로 작용할 수밖에 없습니다. 또한 만화 그림에 익숙해져 글책 읽기를 꺼리는 성향은 교과서 학습에도 악영향을 끼치지요.

저희 집에선 치치가 그토록 좋아하는 《마법천자문》 역시 엄마 숙제로 인정해주지 않습니다. 그 시리즈는 치치를 한자에 거부감 없는 아이로 만들어 준 것으로 제 역할을 다했다고 생각합니다.

엄마 숙제를 완료한 보상으로 주말 게임 시간을 받게 된 이후, 치치는 학습만화에 큰 관심을 보이지 않았습니다. 저희 집에서 학습만화는 글책이 아니라 게임과 경쟁하는 처지인 거죠.

결국 학습만화 편향을 해결하는 데는 그 가치에 맞는 대우가 적절한 방법이었던 셈입니다.

학습만화,
어떻게 활용하면 좋을까요?

학습만화는 어린이 베스트셀러 목록에서 늘 상위권을 차지합니다. 이에 현혹되거나 쉽게 의존해선 안 됩니다. 학습만화를 절대 읽혀선 안 된다는 뜻이 아니에요. 학습만화가 오히려 학습을 방해할 수 있으니, 더욱 신중하게 선택해야 한다는 거죠.

학습만화가 특정 교과에 대한 아이의 관심을 불러일으키는 데 기여했다고 생각하는 경우가 많습니다. 한자나 역사, 과학 분야는 글책보단 만화의 진입 장벽이 낮은 게 사실이니까요. 하지만 학습만화를 읽은 후, 같은 분야의 글책 중 쉽고 좋은 책을 권했을 때 아이가 관심을 보이지 않는다면 부모의 착각이었을 가능성이 큽니다.

치치도 《마법천자문》 덕에 한자에 관심이 생겨 자격증도 땄지만, 《내일은 실험왕》****이란 과학 학습만화를 탐독하는 걸 보고 구독해준 어린이 과학 잡지는 아까운 구독료만 날렸습니다. 과학 학습만화를 좋아했으니 과학도 좋아할 거라는 생각은 부모의 희망 회로가 만들어낸 착각이었던 거죠.

학습만화가 학습에 기여하고 있는지는 아이의 관심이 글책으로 이어지는지 확인해보면 쉽게 알 수 있습니다. 만약 아이가 같은 분야의 글책을 읽지 못하거나 거부한다면 학습만화와는 거리를 둘 것을 권합니다.

---

*《마법천자문》 스튜디오 시리얼 지음, 아울북, 2019
**《why?》 이광웅 지음, 박종관 그림, 예림당, 2001
***《학습만화 한국사》 이원복 지음, 박흥용 그림, 계몽사, 2007
****《내일은 실험왕》 곰돌이 co. 지음, 홍종현 그림, 미래엔아이세움, 2006

학습만화는 오히려
학습을 방해합니다

독서가
깊어지는
순간들

아까 엄마와 같이 책을 읽을 때

아주 조용한 순간이 있었다.

그때 나는 행복하다고 느꼈다.

《빨강 연필》

신수현 지음, 김성희 그림, 비룡소, 2011

16

난 고양이 집사니까

언제부턴가 치치는 패스워드를 만들 때 낯선 네 자리 숫자를 덧붙였습니다.

"패스워드 뒤에 붙은 숫자는 뭐야?"

치치는 으스대는 표정으로 숫자의 정체를 밝혔지요.

"아빠 몰랐구나? 율냥이랑 작은 치치 생일이야."

버려졌던 고양이들에게 생일이 있을 리가요.

"걔네 생일을 알아?"

"모르지. 그래서 우리 집에 온 날을 생일로 하기로 했잖아. 아빠 잊었어?"

그제야 어렴풋이 기억이 납니다.

"그랬지. 그게 며칠인지는 몰랐어."

집에 온 날짜를 기억하고 생일이라 이름 붙여줄 만큼, 또 그 숫자를 여기저기에 비밀번호로 사용할 만큼 치치에게 두 마리 고양이는 소중한 형제나 다름없습니다.

율냥이와 작은 치치는 모녀 관계로, 치치가 아홉 살 때부터 함께 살게 된 유기묘입니다.

"넌 하는 짓이 치치랑 비슷하니까 앞으로 큰 치치라 불러야겠다."

"하하. 그럼 치치는 작은 치치?"

치치란 애칭도 이렇게 만들어졌지요. '큰 치치'를 줄여 부른 겁니다.

겉모습은 율냥이가 훨씬 고양이답게 잘생겼지만, 왠지 모르게 치치는 작은 치치에게 더 자주 감정 이입을 했습니다. 그걸 아는지 작은 치치도 세 식구 중에 콕 집어 치치를 제일 잘 따랐지요.

"난 나중에 작은 치치랑 결혼하려고."

"왜?"

"작은 치치는 새끼를 못 낳는다며(중성화 수술을 뜻함)? 그러니까 나랑 결혼해서 새끼를 낳을 수 있게 해주려고."

저희 부부는 얼마나 웃었는지 모릅니다. 치치가 아홉 살 때 일이었지요.

율냥이와 작은 치치를 만나기 전, 제가 아는 동생이 한 달간의 지방 출장으로 키우던 고양이 두 마리를 저희 집에 맡긴 적이 있습니다. 황토방 색깔의 코리안 쇼트헤어 '심바', 쥐색의 러시안블루 '푸마'였죠. 마침 저희는 고양이 입양을 고민하고 있었기 때문에 이 아이들과 지내본 후 본격적으로 입양 계획을 세우기로 했습니다. 일종의 리허설이었던 셈입니다.

어린 푸마는 애교가 넘치고 장난기도 많아서, 데리고 있는 동안 치치가 정을 많이 주었습니다. 아시다시피 고양이는 좀처럼 관심이나 사랑을 구걸하지 않지요. 거기서 오는 묘한 매력 때문인지 오히려 우리 쪽에서 그들에게 애정을 구걸하게 됩니다.

한 달 동안 치치는 고양이들 덕분에 무척 행복해 보였습니다. 그랬던 만큼 그들과 이별 후 새로운 고양이의 입양은 빠른 속도로 진행됐죠. 입양 조건이 까다로운 유기묘 카페에 가입하고 틈틈이 검색해보기를 두 달여. 드디어 맘에 드는 새 식구를 찾았습니다.

율냥이는 다섯 마리의 새끼를 거느린 어미 고양이였어요. 비 오는 날 어느 공장 앞 수로에서 발견됐는데, 네 마리는 각각 입양된 후였고 어미 고양이는 남은 새끼 한 마리와 함께 새 집사를 기다리고 있었습니다. 그런데 이들을 구조한 임시 집사 부부는 두 마리를 한꺼번에 데려가길 원했어요.

"이미 입양 간 다른 아이들과 달리 치치는 어미와의 사이가 유달리 가깝고, 서로를 끔찍이 여겨서요."

그러잖아도 털이 많이 빠진다고 알려진 터키시앙고라를 그것도 두 마리씩이나 한꺼번에 데려오게 된 것이지요. 그때부터 저희 집은 털 먼지와의 전쟁이 시작되었습니다.

치치는 부직포 대걸레로 거실 바닥을 청소하며 하루를 시작해요. 테이프 클리너로 식탁 위 털을 제거하고, 모래 먼지 날리는 화장실을 치우는 것도 모두 치치의 몫이지요.

전 고양이 집사들끼리는 멀리 떨어져 있어도 서로 특별한 유대감을 나누고 싶어 한다는 사실을 알게 됐어요. 치치 엄마의 옛 직장 동료가 택배로 추천 간식과 장난감, 그리고 《고양이 말 대사전》 같은 안내서를 보내준 일이며, 교회 누나가 치치의 생일 때 《고양이 도감》이란 책을 선물한 것처럼, 그들에겐 마치 고양이들이 주고받을 법한 은밀한 동지애 같은 게 있었지요.

치치의 고양이 사랑은 자연스레 고양이 관련 지식 도서를 독파하거나, 고양이 소재의 책에 무한한 애정을 갖는 식으로 평소 독서 생활에도 큰 영향을 주었습니다. 치치는 아무리 두껍거나 어려운 책이라도 고양이를 다룬 것이라면 선택에 주저함이 없었어요. 치치 덕분에 저희 부부는 따로 고양이를 공부하지 않아도 될 정도였지요.

"귀가 옆으로 향해있는 건 경계하고 있다는 거야. 아빠, 작은 치치는 아직도 부직포를 무서워하나 봐."

"오, 그래? 근데 왜 도망은 안 가지?"

"엄마, 율냥이가 하품했잖아? 이젠 부직포가 별것 아니란 걸 안 거야."

"그냥 졸린 게 아니고?"

아이들은 대체로 지식 도서보다 이야기책을 선호합니다. 하지만 부모로선 고민이 됩니다. '학교 교과서와 닮은 지식 도서를 멀리하면 아무리 책을 많이 읽어도 무슨 소용일까?', '공부는 결국 교과서로 하는데', '이야기책을 많이 읽는다고 성적이 나아지는 건 아닐 텐데' 하고요.

또 요즘 지식 도서는 같은 내용이라도 교과서보다 훨씬 흥미롭게 구성돼 있지요. 그러니 '이 정도도 흥미를 갖지 못하면 뭐가 되려고 저럴까?' 하는 생각이 절로 듭니다. 부모들의 이러한 걱정을 먹고 자라난 것이 우리나라의 거대한 학습만화 시장이기도 합니다.

영유아 때부터 스마트폰 영상을 보고 자라난 아이에게 무언가를 '읽는다'라는 행위는 힘겹고 귀찮은 일일지 모릅니다. 그래서 아이에게 '재미'보다 더 귀중한 동기는 없습니다. 재미있는 이야기책을 읽으며 자연스럽게 자라난 독서 감각이 아이에겐 가장 튼튼한 읽기 근육을 만들어주지요.

지식 도서도 마찬가지입니다. 지식 도서를 읽기 위해 가장 필요한 것은 기본적인 읽기 능력 외에 동기, 즉 자신의 필요가 핵심이에요. 필요 없는 지식은 금방 잊히기 마련이지요. 누가 시키지 않았는데도 지식을 탐구하는 동기는 내가 아닌 남을 이해하려는 필요, 알고자 하는 상대와 무언가를 나누고 싶은 마음에서 시작됩니다.

다만 어떤 지식이 필요해졌을 때 유튜브 영상 대신 책을 선택하는 건, 책에 거부감이 없을 때만 가능한 일입니다. 그래서 우리 아이들에겐 즐겁게 읽을 수 있는 이야기책이 늘 함께 있어야 하지요.

고양이 집사가 되면서 치치가 보게 된 책들

《고양이 말 대사전》 가켄 편집부 지음, 니들북, 2012

《고양이 도감》 글로리아 스티븐스 지음, 진선출판사, 2006

《Crazy about cats 고양이》 오웬 데이비 지음, 타임주니어, 2019

《고양이 낸시》 엘렌 심 지음, 북폴리오, 2015

《환생동물학교》 엘렌 심 지음, 북폴리오, 2018 ★

《고양이 학교》 김진경 지음, 김재홍 그림, 문학동네, 2022 ★

《전사들》 에린 헌터 지음, 가람어린이, 2018 ★

《뉴욕에 간 귀뚜라미 체스터》 조지 셀던 톰프슨 지음, 가스 윌리엄즈 그림, 시공주니어, 2018

《강남 사장님》 이지음 지음, 국민지 그림, 비룡소, 2020

《날고양이들》 어슐러 K. 르 귄 지음, S. D. 쉰들러 그림, 봄나무, 2009

《도서관 길고양이》 김현욱 외 4인 지음, 푸른책들, 2015

《캣보이》 에릭 월터스 지음, 거북이북스, 2018

《고양이 해결사 깜냥》 홍민정 지음, 김재희 그림, 창비, 2020

《어쩌다 고양이 탐정》 정명섭 지음, 다른, 2017

《고양이 서점》 사쿠마 가오루 지음, 해피북스투유, 2019

《고양이 마음 사전》 나응식 지음, 댄싱스네일 그림, 주니어김영사, 2020

《꽃섬 고양이》 김중미 지음, 이윤엽 그림, 창비, 2018

《까칠한 아이》 남찬숙 지음, 백두리 그림, 대교북스주니어, 2018

《우리가 헤어지는 날》 정주희 지음, 책읽는곰, 2017

《갈매기에게 나는 법을 가르쳐준 고양이》

루이스 세풀베다 지음, 이억배 그림, 바다출판사, 2021 ★

《큰 고양이, 작은 고양이》 엘리샤 쿠퍼 지음, 시공주니어, 2018

《내 고양이는 말이야》 미로코 마치코 지음, 길벗스쿨, 2018

《고양이》 김혜원 지음, 사계절, 2018

정말 많지요? 기록이 남아있는 것만 이 정도예요. 실제론 더 많습니다.

너무 지나친 게 아니냐고요? 좋아서 읽은 건데 뭐 어때요. 책을 좋아하는 마음은 좀 지나쳐도 괜찮습니다.

★ 표시는 치치가 가장 좋아했던 책입니다.

자녀의 독서 취향 북돋아주는 법

어느 날 아이가 연달아 비슷한 책을 몰아 읽고 있다면 독서 취향이 생기기 시작한 겁니다. 공룡이든 공주든 어느 한 가지에 몰입하는 재미를 알게 된 거지요. 그중에는 아이의 기대를 저버리는 책도 있을지 몰라요. 하지만 그런 때에도 아이는 갖고 있던 취향을 단번에 잃진 않습니다. 재미없는 책도 끝까지 읽어버리고 말지요. 정말 마법 같은 일이고 축복입니다. 이때 잘 대처한다면 아이의 취향은 자연스럽게 특정 작가의 팬이 되는 경지까지 이어집니다. 그때가 되면 우리가 할 일이 별로 없어요. 아이가 이미 책 읽는 즐거움 속에 살고 있다는 뜻이니까요.

1. 도서관이나 온라인 서점에서 키워드 검색하는 법을 알려주고 읽을 책을 스스로 찾게 합니다.
2. 도서관 책은 최대한 빌려와 쌓아두고 골라 읽게 합니다.

사실 여기까지가 다예요. 하지만 몇 가지 재미있는 경험을 더 만들어보자면

3. 기회를 봐서 조금 두꺼운 책도 들이밀어 봅니다. 빠져있는 취향의 책이라면 선뜻 받아들이기도 하니까요.

4. 책과 관련된 각종 기념일을 만들어 독서 취향에 맞는 굿즈를 선물합니다. 예를 들어 고양이 책 10권 읽은 날엔 고양이 열쇠고리를, 아이가 좋아하는 작가의 생일에는 그 작가의 신간을 선물로 주는 거죠.

5. 아이의 취향 책을 모아 놓은 특집 서가를 마련해줍니다.

6. 다음 취향이 어디로 이어지는지 유심히 관찰합니다.

7. 특정 작가의 팬이 된 경우라면 팬 사인회 같은 행사에도 참여해보세요.

좋아하면 더 깊이 알고 싶어집니다

17 독서가들과 나누는 대화

열한 살이 되던 해 치치는 제가 출연 중인 팟캐스트 특집 방송에 나와달라는 제안을 받았습니다. 이 방송에서 저는 한 달에 한 번 〈아빠, 이 책 어때?〉란 코너를 맡고 있지요. 매달 치치가 골라주는 책을 청취자에게 소개하는 형식입니다. 치치가 한 달 동안 읽은 책 중 가장 재미있었던 작품을 골라, "자, 아빠, 이번엔 이걸로 녹음해"하고 던져주면 제가 다시 읽어보고 방송을 준비하는 식이지요. 치치는 직접 출연하지만 않았을 뿐, 이 코너에 막대한 지분을 가진 셈입니다.

그래서 전 치치의 방송 출연이 전혀 이상하지 않았고, 오히려 그때껏 치치가 방송에 나간 적 없다는 사실이 더 새삼스러웠습니다. 하지만 치치 엄마의 반응은 전혀 달랐어요.

"치치가 거기 나가서 무슨 얘길 해……."

치치 엄마의 걱정을 모르는 바는 아니었습니다. 치치는 말이 많은 아이지만, 그만큼 영양가 있는 말이 드문 아이이기도 하니까요.

"걱정 마. '편집'이란 게 있잖아."

그랬음에도 그녀는 방송 제작자분들이 치치를 과대평가하고 있으며, 일차적인 책임은 제게 있다고 했습니다. 제가 치치를 특별한 아이처럼 보이게 했다는 것이지요. 전 그 말을 듣자 정말 그럴지도 모른다는 생각이 들었습니다.

하지만 저는 사람들이 초등 4학년 아이에게 기대하는 바가 그리 크지 않을 것이며, 치치가 크게 긴장하지만 않는다면 진행자가 묻는 말에 한마디 정도는 쓸만한 대답이 나오지 않겠느냐고, 또 방송 출연이 '과대평가'를 바로잡는 기회일 수도 있다고 그녀를 설득했지요.

출연 제안 소식을 들은 치치는 방송에 대해 몇 가지를 물어보더니 이렇게 말했습니다.

"재밌겠는데?"

저는 그때 치치의 가슴이 두근대는 걸 느낄 수 있었어요.

해당 팟캐스트 제작진의 말에 따르면 치치가 출연한 방송*은 대박이 났습니다. 저희 부부의 걱정과는 달리, 치치는 엄마 아빠 앞에선 잘 쓰지 않던 단어까지 사용해가며 진행자가 생각지 못했던 얘기들을 꺼내 감탄을 자아냈지요. 이런 모습이 청취자에게까지 좋은 반응을 불러일으켰다고 합니다.

그 후 치치는 방송에 달린 댓글들을 보며 뿌듯해했습니다.

→ 치치 군처럼 생각하고 이야기하려면 어떻게 해야 하나요? 정말 소오름입니다~!

→ 드디어 치치 군을 만나게 되었네요. 치치 군의 이야기를 들어보니 치치 군이 얼마나 책을 많이 읽었는지 알겠네요. 치치 군, 방송 너무 잘 들었어요. 앞으로도 재미있는 책 소개 많이 부탁해요!

→ 팟빵 8년째 이용하고 있는데 이 에피소드 때문에 처음으로 후원을 해보네요. 치치 군, 기특하면서도 너무 귀엽네요.

치치 엄만 이 일로 치치가 기고만장해져서, 예전보다 더 버릇이 없어진 것 같다고 했지요. 실제로 치치는 한동안 이유 없이 붕 떠서 지냈으니까요.

하지만 전 치치가 팟캐스트 출연을 계기로 책을 읽을 때 사람들이 어떤 부분을 궁금해하는지, 책을 읽고 다른 사람과 무엇을 나눌 수 있는지 따위를 생각해봤으면 하는 바람이 컸습니다.

아이는 어른에 비해 표현 욕구가 훨씬 강한 듯 보여요. 아이들은 그림책을 보면 항상 뭔가를 그리고 싶어 하지요. 누가 시킨 것도 아닌데 말이죠.

치치도 늘 그림 그리기를 좋아했는데, 어느새 보니 말도 안 되는 만화를 그려대고 있더군요. 자기가 제일 좋아했던 《윔피 키드》나 《13층 나무 집》식의 깨알 만화였는데, 자신도 그 책들에 영향 받았다는 사실을 몰라요.

한때 치치에게 '혼자 놀기'란 레고가 아니면 만화 그리기였습니다. 만화를 그린다는 건, 만화를 보기만 하는 것과는 분명 다른 차원의 행위지요. 보는 건 개인적인 행위지만, 그린다는 건 보여주기 위한 행위니까요.

성인 독자도 책 읽기를 개인적인 행위로만 두지 않고, 오프라인 북 클럽 활동이나 서평을 게시하는 방식으로 다른 이들과 소통하고 싶어 합니다.

책이란 게 그런 물건이에요. 세상에 없던 이야기로 세상에 없던 물음을 던지는 것이 작가의 일이라면, 그 물음에 제대로 반응하는 사람은 그저 앉아서 그걸 받아먹기만 할 수는 없습니다. 한발 더 나아가고 싶은 마음이 들지요. 이때 소통이 일어납니다. 세상에 없던 관계가 만들어지는 거죠.

이 아무것도 아닌, 눈에 잘 보이지도 않는 사건이 곧 세상을 만들어가는 새로운 가치의 씨앗이 되기도 합니다. 실로 엄청난 사건인 셈입니다. 우리가 아이들의 표현 욕구를 존중해주어야 할 이유죠.

치치는 한동안 책을 읽으면, 독서 기록 앱에 한 줄 평을 남겼습니다. 책을 사랑하는 사람에게 이런 앱은 매우 소중한 발명품으로 느껴집니다. 독서 후 자기 생각을 이렇게 방송이나 게시판의 댓글 형태로 남기는 행위는, 강제로 시키지 않는다는 걸 전제로 한다면 그보다 흐뭇한 독후 활동은 없다고 생각해요. 저는 치치의 한 줄 평을 물어보고 듣는 일이 그와 나누는 가장 즐거운 일 중 하나입니다.

치치는 아빠의 방송을 위해서라도 한 달에 한 번 한 줄 평을 정리하기 때문에 자연스레 습관이 되었지만, 누구나 이 소중한 소통에 참여할 수 있습니다. 부모가 재미를 붙인다면 아이에겐 굳이 강요하지 않아도 쉽게 습관화시킬 수 있는 자연스러운 방법이지요.

독서가들과 소통하는 간편한 방법

독서 기록 앱을 이용하면 아이의 독서 이력을 간편하게 정리할 수 있고, 그 내용도 다른 사람과 나눌 수 있습니다. '북플', '북적북적', '책꽂이+', '책방 잉크', '비블리', '리더스', '아이북케어' 그 외에도 다양한 앱이 있어요. 대부분 독서 이력 기록, 독서 취향 분석, 다른 독자와의 소통, 독서 욕구 자극, 도서 추천 같은 기능을 기본으로 제공하지만, 앱마다 내세우는 특징은 조금씩 다릅니다. 예를 들어, '북플'은 앱에서 단 댓글을 연계된 온라인 서점에서 볼 수 있고, '잠수네'나 '천권읽기'는 일정 독서량을 넘어서면 상장 출력 기능을 제공하지요. 기능을 비교해보고 자신의 스타일에 맞게 고르면 됩니다.

이 앱들은 플레이스토어나 앱스토어에서 쉽게 다운로드할 수 있어요. 치치는 주로 '북플'과 '북적북적'을 이용했습니다. '잠수네'도 잠시 이용했고요.

아직 글쓰기가 서툰 저학년이나 영유아는 어른이 대신 기록해주면 됩니다. 중학년 이상 아이에게는 내가 읽은 책을 기록하고, 다른 독서가와 소통하는 방법이 있다고 알려주세요. 책을 좋아하는 부모라면 먼저 경험해보는 것이 가장 좋은 방법입니다.

---

*〈우리 가족 공감 독서〉 EP48. 신년특집_재미있게 읽을 수밖에 없는 초등 스릴러 《떼인 돈 받아드립니다》

◀ 방송 바로 듣기

읽고 소통하는 즐거움
책을 사랑하는 사람들만 알 수 있는
소중한 경험입니다

18 책을 만든 사람들

"앞으론 읽다가 재미없는 책은 던져버릴 거야. 건방이 작가도 그랬대."

열 살 치치가 책 한 권을 들고 와서는 뚱딴지같은 소리를 늘어놓습니다.

"천효정 작가가 그랬다고?"

"응. 여기 나와 있어."

치치는 《건방이의 건방진 수련기》* 속 '작가의 말'을 손으로 짚어가며 보여줍니다. 과연 거기에는 어릴 땐 표지에 붙은 바코드 숫자까지 읽었다던 작가가, 지금은 재미없는 책은 읽다가도 던져버린다고 적혀있었지요.

어릴 적부터 치치는 '책이란 앞표지에서 시작해 책등, 책날개, 차례, 본문, 작가의 말, 뒤표지까지 읽어야만 다 읽었다고 말할 수 있는 것'이라 했던 제 말을 신기하게도 잘 따랐습니다. 그런데 작가의 말까지 꼼꼼히 읽는 성실함이 이런 앙화로 돌아오다니요.

치치가 여러 권으로 구성된 시리즈물에 관심을 보인 것도 천효정 작가의 말을 읽은 뒤부터였지요. 재미만 있다면 한 권이든 여러 권이든 분량은 큰 문제가 되지 않는 듯했습니다. 오히려 치치는 금방 끝나버리는 짧은 시리즈에 실망하는 경우가 많았어요.

치치는 3학년 때까진 《고양이 학교》, 《건방이의 건방진 수련기》, 《13층 나무 집》, 《윔피 키드》 시리즈를, 4학년 때부턴 《전사들》, 《해리 포터》, 《스무고개 탐정》**과 같은 시리즈를 두루 섭렵했습니다.

시리즈물을 읽어가는 중엔 좀처럼 다른 단행본이 끼어들 여지를 주지 않더군요. 한동안 즐겨 보던 과학 지식책이나 역사책도 시리즈물 앞에서는 맥을 못 추었습니다.

하지만 간혹 이런 편독을 지켜보던 제가 돌아서서 '씨익' 하고 웃게 되는 경우가 있는데, 그가 여전히 책의 겉과 속을 빠짐없이 살핀다는 사실을 발견할 때입니다.

"이번에 읽은 고전들은 다 같은 시리즈였어?"

지난 방학 때 갑자기 두꺼운 고전들을 탐독하는 것 같기에 확인차 물었던 제게 치치가 답했습니다.

"아니. 《해저 2만 리》***는 '위대한 클래식' 시리즈로 읽었어. 《보물섬》****은 '비룡소 클래식', 《80일간의 세계 일주》*****는 '네버랜드 클래식'으로 읽었지. '위대한 클래식' 시리즈는 다른 시리즈들보다 생략이 좀 많이 돼있어."

치치는 자기가 읽은 책의 출판사와 시리즈명은 물론 하나하나의 특징까지 꿰고 있었습니다. 그러다 보면 이런 일도 생기지요.

"근데, 아빠도 알고 있었어? 《해저 2만 리》랑 《80일간의 세계 일주》를 쓴 사람이 같은 거?"

"음……. 그랬던가?"

제가 긴가민가한 찰나, 옆에서 듣던 치치 엄마가 말합니다.

"맞아. 《보물섬》이랑 네가 엊그제 읽은 《지킬 박사와 하이드 씨》****** 도 같은 작가야."

"그랬어? 오오, 진짜 그렇다!"

책날개와 작가의 말까지 빼놓지 않고 읽던 치치는 점차 자신이 읽는 책들의 연관성을 포착해가고 있었습니다. 이는 아이가 자신의 취향을 탐색해 나가는 데 매우 유용한 도구가 되지요.

좋은 책을 만났을 때 그 책을 만든 사람들이 누군지 궁금해지는 건 너무나 자연스러운 일일 겁니다. 하지만 주변에 그걸 신경 쓰는 사람이 아무도 없거나, 심지어 부모가 그런 일을 하찮게 여긴다면 아이의 습관은 오래가지 못하겠지요.

어릴 적부터 수많은 영화를 보며 꿈을 키웠을 세계적인 영화감독들을 생각해보세요. 그들은 엔딩 크레딧을 '건너뛰기'하지 않았을 겁니다. 책에서 본문을 제외한 나머지 부분은 영화의 엔딩 크레딧과 마찬가지 역할을 하지요.

한 권의 책이 아이의 손에 들어오기까지 거쳐 간 과정과 그 속에 있는 사람들을 떠올려보는 일은 우리가 책을 통해 실체 있는 누군가와 만나고 있다는 사실을 실감케 합니다. 소비만을 목적으로 하는 다른 물건에선 여간해선 일어날 수 없는 일이죠. 책에 관한 이런 관심은 뒤에서 이야기할 긍정적인 '독서 편식'으로 이어집니다. 미리 말하자면 편독은 결국, 누군가의 팬이 되어가는 일로 시작해 자신의 취향을 찾아가는 과정이라 할 수 있지요.

누군가를 혹은 무언가를 온 힘을 다해 깊이 사랑할 때만 경험할 수 있는 성장이 따로 있듯이, 책과의 깊은 사랑은 그만큼 아이를 훌쩍 자라게 합니다. 아이에게 편독은 편식과는 비교할 수 없는 선물입니다.

시리즈물의 놀라운 효과, 아시나요?

시리즈물에 대한 사랑이 시작되었다면 아이는 이미 독서가가 되는 길의 입구에 들어섰다고 할 수 있습니다. 앞으로 평생에 걸쳐 읽고 싶은 책, 혹은 읽어야 하는 책을 힘들이지 않고 읽을 수 있으려면 무엇보다 두꺼운 책을 겁내지 않는 기초 체력이 있어야 하니까요. 단시간에 길러지는 능력은 아니지요.

시리즈물은 두꺼운 책에 대한 거부감을 줄여주는 훌륭한 조력자입니다. 도합 500페이지, 1,000페이지를 읽어본 아이는 더는 두꺼운 책을 겁내지 않습니다.

단, 시리즈물이나 두꺼운 책을 읽을 땐 독서 시간과 마음의 여유를 충분히 확보해주어야 합니다. 치치는 도서관에서 빌려온 《80일간의 세계 일주》를 읽어내지 못하고 반납하길 여러 번 반복한 적이 있습니다. 그런데 이 책을 헌책방에서 사주었더니 이틀 만에 완독했지요. 반납 기한에 대한 부담감 때문에 자칫 읽지 못하고 넘길 뻔한 책을 헌책이란 아이템이 구원해준 셈입니다.

---

*《건방이의 건방진 수련기》 천효정 지음, 강경수 그림, 비룡소, 2014
**《스무고개 탐정》 허교범 지음, 고상미 그림, 비룡소, 2013
***《해저 2만 리》 쥘 베른 지음, 크레용하우스, 2018
****《보물섬》 로버트 루이스 스티븐슨 지음, 에드워드 윌슨 그림, 비룡소, 2003
*****《80일간의 세계 일주》 쥘 베른 지음, 레옹 베넷 외 그림, 시공주니어, 2009
******《지킬 박사와 하이드 씨》 로버트 루이스 스티븐슨 지음, 에드워드 윌슨 그림, 비룡소, 2013

엔딩 크레딧까지 봐야
다 보는 거야

19 좋아하는 작가가 생겼어요

열한 살 치치는 시리즈물에 빠지면서 작가에 대한 관심이 더욱 커진 듯 보였습니다.

그의 편독은 이제 작가별로 모이는 모양새였어요. 믿고 보는 작가가 생긴 것이죠. 이 단계에 이르면 아이는 특정 작가의 대략적인 성향과 최근 동향까지를 속속들이 파악하게 됩니다. 누군가의 팬이 돼가는 과정이지요.

치치는 팟캐스트 출연 당시 이런 말을 했어요.

"제가 한 작가의 책을 보고 '오, 이거 재밌다' 한 적은 되게 많았어요. 그런데 그 작가가 연이어서 더 재밌는 책을 만든 적은 별로 없어요. 나무 집 시리즈도 점점 상상력이 줄어드는 듯하더니, 104층부터는 이전 이야기들이랑 많이 비슷한 느낌이더라고요."

치치의 얘기를 들은 진행자는 이렇게 말했습니다.

"작가님들께선 긴장하셔야 돼요. 어린 독자님들은 조금이라도 감이 떨어진다 싶으면 이렇게 바로 알아채고 외면해버릴 수 있거든요."

작가의 진정한 팬이 된다는 건 이런 것이죠. 사랑했지만 점차 감이 떨어지는 작가, 내는 책마다 늘 비슷한 이야기뿐인 작가를 알아채고 실망하는 일, 언제까지 그를 믿고 기다려줄 것인지 고민하는 일……. 그 애정과 긴장감 속에 작가와 독자가 놓여있습니다. 작가에겐 정말이지 눈물겹도록 소중한 관계지요.

앞서 말했듯, 편독은 한 작가의 팬이 되어가는 일로 시작해 자신의 취향을 찾아가는 지극히 바람직한 과정이라 할 수 있습니다. 누구나 좋아하는 친구와 더 많은 시간을 보내고 싶듯 편독은 어디까지나 자연의 영역에 속하는 일처럼 보입니다. 억지로 말릴 수도 떠밀 수도 없는 일이지요.

"아, 이건 아니지……. 완전히 다른 책이 됐잖아. 이건 강경수 작가님이 그렸어야 해!"

장장 2년여를 기다린 《건방이의 건방진 수련기》의 시즌 2 《건방이의 초강력 수련기》*가 나왔을 때 치치는 분통을 터뜨렸습니다. 치치는 천효정 작가는 물론 시즌 1의 삽화를 그렸던 강경수 작가의 팬이기도 했는데, 시즌 2에서도 마땅히 두 작가의 조합일 거란 기대가 무너지면서 새로 바뀐 그림을 받아들이지 못했던 거죠.

"아빠가 봤을 때도 너무 달라졌네. 강경수 작가님이 바쁘셨나 보다."

"그래도 의리가 있지. 꼬박 2년을 기다렸는데……."

출판사에서 책을 만드는 분들도 이런 독자의 마음을 아실까요? 팬들에게 책이란 그저 돈을 주고 사는 상품만이 아닌 거죠. 그리고 이런 관계는 쉽게 만들어지지 않습니다. 아무리 좋은 책도 억지로 보게 할 수는 없지요. '추천 도서'도 추천하는 쪽이 아니라 추천받는 쪽이 결정권을 쥐고 있으니까요.

제가 아는 작가 한 분은 누군가에게 선물 받은 수많은 책 중에 읽어본 책이 단 한 권도 없다고 하더군요. 저도 그분께 제 책을 선물한 적이 있습니다만……. 하긴 저도 비슷합니다. 공짜로 선물 받은 책도 읽고 싶은 마음이 들지 않는데, 추천 도서는 더욱 무력할 수밖에 없지요.

그런데도 우리는 아이들에게 책을 들이밉니다. 마치 처음 먹어보는 음식이지만 맛있는 음식이니 함께 먹었으면, 영양가 있는 음식에 입맛을 들여줬으면, 하는 마음으로 말이지요. 그러나 선택권은 언제나 아이에게 있습니다.

그리고 그토록 힘겹게 맺어진 인연은 쉽사리 끊어지지 않지요. 아이의 편독은 바로 이런 인연의 과정이자 결과물입니다.

누구도 아이가 책과 맺은 인연을 함부로 대하지 말아야 할 이유가 여기에 있습니다.

치치가 가장 좋아하는 작가를 소개합니다

치치의 마음을 사로잡은 작가와 직접 뽑은 추천작을 소개합니다. 좋아하는 이유도 치치가 썼어요.

김진경 《고양이 학교》

"사회를 비판하는 재미있는 동화를 쓰는 작가."

이현 《푸른 사자 와니니》, 《플레이 볼》, 《전설의 고수》, 《악당의 무게》

"다루는 주제의 폭이 넓은 작가. 무거운 주제도 재미있게 씀."

최영희 《알렙이 알렙에게》, 《꽃 달고 살아남기》, 《검은 숲의 좀비 마을》

"모든 책이 후회 없이 재미있다."

천효정 《건방이의 건방진 수련기》

"웃고 싶다면!"

손주현 《조선 과학수사관 장선비》, 《사로국 명탐정과 황금보검 도난 사건》

"역사를 재미있는 이야기로 만드는 솜씨."

전은지 《천 원은 너무해!》, 《끝나지 않은 진실 게임》, 《쪽지 전쟁》

"아이들이 공감할만한 책을 쓴다."

최은영 《게임파티》, 《절대 딱지》, 《떼인 돈 받아 드립니다》, 《1분》

"암울한 내용도 생기있는 이야기로 바꾼다. 해피엔딩을 원한다면!"

전민희 《룬의 아이들》, 《전나무와 매》

"세계관이 방대하다. 그것 때문에 항상 기대되고 더 재밌게 느껴진다."

김남중 《불량한 자전거 여행》, 《보손 게임단》, 《첩자가 된 아이》

"사회 문제를 다양한 형식으로 재미있고 유쾌하게 쓴다."

---

*《건방이의 초강력 수련기》 천효정 지음, 이정태 그림, 비룡소, 2020

"내 책은 내가 고를래요."

20 재미에는 다양한 얼굴이 있어요

"운 거야?"

이렇게 말하면서도 치치 엄마는 《마당을 나온 암탉》을 골라 들 때부터 그럴 줄 알았다는 듯 회심의 미소를 짓습니다. 그림책을 읽어주던 시절에도 슬픈 장면에서 눈물을 참느라 입을 삐죽거리는 치치의 표정을 유난히 좋아하던 그녀였지요.

열두 살 치치는 벌써 그때의 얼굴이 잘 기억나지 않을 만큼 컸지만, 여전히 결말이 슬픈 책을 읽으면 울먹이는 표정으로 "눈물 났어", "슬펐어", "○○는 나빠" 같은 말을 하며 방에서 나옵니다. 그런 그를 두 팔 벌려 안아주는 치치 엄마의 얼굴은 늘 행복해 보입니다.

한 달에 한 번 있을까 말까 한 이 드문 장면을 보며 전 '이런 행복은 앞으로 얼마나 남은 걸까?' 생각합니다. 나중에 치치는 욕을 섞어가며 "XX, 이거 XX 슬퍼" 정도로 말하게 될까요? 아니, 그 전에 여전히 책을 읽기는 할까요? 모르는 일이지요.

치치 엄마는 자신이 어릴 적부터 좋아했던 책들을 아이가 읽을 수 있는 나이가 되어가는 것에 내심 뿌듯해했습니다. 치치의 반응이 예상과 같을 땐 어느 때보다 기뻐했지요.

물론 반대인 경우가 더 많긴 합니다. 요즘 그녀는 《나의 라임오렌지나무》와 《그리운 메이 아줌마》*를 읽은 치치의 반응이 미지근해서 다소 풀이 죽은 듯 보였으니까요.

저 또한 제가 쓴 책을 아이가 읽어줄 땐 기쁜 마음 이를 데 없지요. 저는 치치가 네 살 되던 해부터 책을 썼는데, 그때만 해도 지금처럼 그가 제 방에 와 "내가 안 읽은 에피소드는 없어?" 하고 원고를 재촉하는 일은 상상하지 못했습니다. 주로 어린이 책과 청소년 책을 쓰는 저에게는 치치가 최초의 독자이자 가장 냉정한 독자인 셈이지요.

꾸준히 책을 읽다 보면 '재미'라는 말의 의미가 점차 다양해집니다. 아이들은 그때그때 가장 재미있는 것에 끌리기 마련이죠. 반면 책을 잘 읽지 않는 아이에겐 갈수록 '재미'의 의미가 좁아질 수밖에 없습니다. 더욱 자극적인 걸 택하는 방향으로요. 그들에게 재미란 '더 큰 자극'의 다른 이름일 뿐입니다.

〈개그콘서트〉처럼 콩트 위주의 개그 프로그램이 사라지거나 큰 주목을 받지 못하는 이유도 재미의 의미가 좁아진 결과가 아닐까 생각해봅니다. 이제 어디서도 정치 풍자 개그를 볼 수 없어서 너무나 안타깝습니다.

배꼽 잡고 웃어젖힐 수 있는 농담만이 재미라고 생각하는 사람에겐, 타인의 불행이나 고통은 삶을 재미없게 만드는 이야기일 뿐이겠죠. 또 이런 사람들이 주도하는 세상은 다양성이 존중받지 못하고, 세상 모든 목소리가 한낱 밥그릇 싸움이라 여겨지는 곳이 될 겁니다.

하지만 책의 다양한 재미를 발견해가는 사람은 그 책을 있게 한 세상의 다양한 목소리에 귀 기울일 줄 압니다.

타인의 고통에 눈물 흘릴 줄 아는 아이. 진지한 목소리는 진지하게, 뼈아픈 비판은 무겁게 받아들여 함께 고민을 나누고 자신을 반성할 줄 아는 아이. 때론 닥쳐온 고난도 웃음으로 바꾸어낼 수 있는 의연함과 에너지를 가진 아이. 우리가 진정으로 원하는 아이는 부모보다 잘난 인간이 아닌, 이런 모습의 사람이 아닐까요?

치치가 읽고 울먹였던 책을 소개합니다

열두 살 무렵 치치가 읽고 울먹였던 책을 소개합니다. 공교롭게도 대부분 동물이 등장하는 책이네요. 동물을 사랑하는 독자에겐 눈물을 보장합니다.

《그 여름의 덤더디》 이향안 지음, 김동성 그림, 시공주니어, 2016

《혀 없는 개, 복이》 조희양 지음, 임종목 그림, 가문비어린이, 2017

《나의 라임오렌지나무》 J. M. 바스콘셀로스 지음, 최수연 그림, 동녘, 2014

《햄릿과 나》 송미경 지음, 모예진 그림, 사계절, 2019

《돌 씹어 먹는 아이》 송미경 지음, 안경미 그림, 문학동네, 2014

《최후의 늑대》 멜빈 버지스 지음, 장선환 그림, 만만한책방, 2019

《마당을 나온 암탉》 황선미 지음, 김환영 그림, 사계절, 2002

---

*《그리운 메이 아줌마》 신시아 라일런트 지음, 사계절, 2005

이거 보면 슬픈데
그래도 재밌어

21 비판적 사고가 자라는 순간

어느 날 아침, 치치는 늦잠을 잤습니다.

평소 같으면 등교 준비하는 내내 짜증을 부렸을 텐데 그날따라 한마디 불평도 없이 먹고 씻고 입는 모습에, '그새 많이 컸네' 하는 생각이 절로 들었지요. 그 순간 갑자기 아이가 뜻밖의 질문을 던졌습니다.

"우리 식구 중에 왜 나만 아침마다 힘들게 학교에 가야 하는 거야?"

치치의 문제 제기는 귀여웠지만, 다 함께 힘들어야 한다는 식의 심술에 오냐오냐해주기는 싫었습니다.

"엄마 아빠 이미 모든 학교를 졸업했어. 이젠 네 차례인 거야."

말은 그렇게 했지만, 저희 부부는 학교로 향하는 치치의 처진 어깨를 베란다에 서서 한참 내려다보았습니다. 다행히 그는 도중에 친구를 만나 가벼워진 발걸음으로 총총거리며 학교 안으로 사라졌지요.

'함께 해주지 못해 미안하다고 말해줄 걸 그랬나?'

아침 일찍 출근하는 직장에 다니지 않는 게 괜히 미안해지는 아침이었습니다.

매일 정해진 시간에 일어나 학교에 가야 하는 일상에 아이가 의문을 품기 시작한 그날, 저희 부부는 아침에 던지고 간 치치의 물음을 끌어안고 종일 고민했습니다. '왜 학교에 가야 해?'라는 질문에 '세상 사는 방법을 배워야 하니까' 같은 무성의한 답만 던지고 넘어갈 수는 없었어요. 쉽게 답할 수 없는 물음은 대개 중요한 가치를 지닐 때가 많기 때문입니다.

치치는 이제 막 근본적인 질문을 던지기 시작했습니다. 하찮아 보이는 질문이라도 아이에게는 '우린 왜 살고 있는가?'라는 인류의 오래된 물음과 비슷한 무게로 느껴질 수 있어요. 도저히 혼자 힘으로는 답할 수 없는 난제여서, 고금의 대학자와 대문호들까지 그토록 오랜 세월 머리를 싸매야 했던 질문들처럼요. 그러니 답을 찾아야 할 사람은 아이만이 아닐 거예요. 가족이 함께 풀어나가야 할 문제겠지요.

근본적인 질문은 인간을 한 단계 성장시키는 동력이 됩니다. 당연해 보이는 것을 그냥 지나치지 않고, 누구나 옳다고 여기는 것에 의문을 품는 습관이 너무나 소중한 이유입니다.

생각해보면 아이들은 아주 어릴 때부터 이런 근본적인 질문을 입에 달고 다녔습니다. "왜 꼭 10시에 자야 해?"라거나 "간식 먹고 씻으면 안 되는 이유가 뭐야?"같이 대부분 다짜고짜 불만의 형태로 나타나기 때문에 우리가 무시하고 넘겼을 뿐이죠. 아이가 토해내는 불만 속에서 아이의 성장을 발견해내는 지혜가 필요합니다.

치치는 5학년이 된 뒤로, 누가 봐도 사춘기가 시작됐다고 느낄 만큼 불만 섞인 의사 표현이 잦아졌습니다. 어떤 요구에도 먼저 '아니'라고 말한 뒤, 핑계를 만들어냈지요. 그맘땐 저도 그랬던 것 같아요.

좀 더 나은 말투라면 들어줄 법도 한데, 지나치게 밉살스러운 말투에 저희 부부는 자주 기분이 상합니다. 그러니 감정이 앞설 때가 많지요.

하지만 점차 그런 태도는 나아질 거라 믿습니다. 사춘기의 성장통이 신체적 통증만을 가리키진 않으니까요. 다만, 치치의 태도를 야단치면서 한 가지 마음에 걸리는 것은, 그의 불만이 건강한 비판 의식으로 발전하는 걸 가로막는 게 아닐까 하는 점입니다.

"이 책 처음 펼쳐봤을 땐 내가 이걸 읽기에 어리다고 생각했는데, 지금 보니깐 딱 맞더라고."

얼마 전 치치는 몇 년 전부터 책장에 있었던 책 한 권을 꺼내 읽고는 이렇게 말했습니다. 저도 감탄하며 읽었던 강효미 작가의 《빵이당 vs 구워뜨》란 책이었지요. 치치는 이 작품에 인상적인 감상평을 남겼습니다.

"부를 한번 맛본 사람들은 그걸 제일 중요하게 생각할 수밖에 없다. 화폐의 단점은 그걸로 모든 걸 다 할 수 있는 것처럼 보인다는 거다. 돈은 교환 수단일 뿐인데, 이게 만능 물질처럼 되어버리면서 이걸 얻는 사람들에게 계속 욕심을 불러일으키고 본성도 악하게 만들게 되는 것 같다."

전 치치의 평을 듣고 무척 놀랐습니다. 치치의 '다짜고짜 불만'이 어느덧 사회를 바라보는 비판적 시각으로 자라나 있다는 걸 알게 되었지요. 앞으로는 그의 불만을 좀 더 친절하게 접수해주는 민원 담당자가 되어야겠다고 다짐했습니다.

단, 조건이 있어요.

사회적으로 '불만'은 언제나 변화의 씨앗이 되는 게 사실이지만, 거기엔 반드시 '부끄러움'이라는 전제가 있어야 하지요. 즉 옳고 그름에 대한 기준에 비추어 부끄럽지 않을 때만 '불만'은 가치를 지닙니다.

쉽게 말해 스스로 부끄럽지 않아야 남을 비판할 수 있습니다. 이렇게 생긴 기준은 다시 자신을 돌아볼 수 있게 만들지요.

단순한 불만이 비판적 사고로 발전할 수 있도록 돕는 가장 바람직한 방법은 독서입니다. '아이는 책을 읽으며 자란다'라는 말에는 바로 이런 의미가 숨은 셈이지요.

사춘기가 시작되었다고요?

사춘기 아이와 감정적인 불만이 오갈 땐 오히려 '비대면'이 좋은 해결책이 됩니다.

늘 붙어사는 아이와의 비대면 활동으로 가장 추천하는 방법은 '편지'입니다. 부모라는 민원 창구에 민원인인 아이가 편지 또는 투서를 보내는 거죠.

반성문은 글솜씨를 발휘하기가 어려운 형식입니다. 반성문엔 항상 답이 정해져 있으니까요. 반면 투서 형식은 불만과 요구 사항들을 적는 글인 만큼, 아이들은 자신의 이익을 관철하기 위해 더욱 적극적으로 글쓰기에 임합니다. 부모에게는 아이의 글쓰기 실력을 확인할 기회가 되지요.

부모는 투서를 통해 아이가 가진 불만의 내용뿐 아니라 불만의 수준까지 알 수 있습니다. 아이의 책 읽기가 건강하게 비판적 사고로 이어지고 있는지도 확인할 수 있고, 책 읽기로 성장한 마음의 키 높이도 측정할 수 있지요.

근본적인 질문은
인간을 한 단계 성장시키는
동력이 됩니다

22 해리 포터와 독서가의 세계

"윤서가 벌써 《해리 포터》를 읽는다고?"

제가 놀라서 묻자 치치 엄마가 말했습니다.

"그건 이미 뗐고 이제 다른 판타지 시리즈로 넘어갔대. 《타라 덩컨》*이라고……. 치치도 《해리 포터》 읽으면 좋겠는데. 나도 이번 참에 마저 읽게."

친구 딸이 벌써 《해리 포터》 시리즈를 섭렵했다는 말에 치치 엄마는 다소 들뜬 모양이었습니다. 하지만 친구 딸은 치치보다 한 살이 많은 데다가 책도 훨씬 많이 읽는 아이였지요. 전 치치 엄마가 너무 욕심부리는 게 아닌가 싶었는데, 아니나 다를까 치치는 집에 있던 《해리 포터》 1권을 몇 장 읽어보고는 아직 너무 어려운 것 같다며 이내 포기했습니다. 치치가 여덟 살 때 일이었지요.

그 후 치치는 엄마 숙제를 착실히 해나가면서도 여전히 《해리 포터》 시리즈에는 관심을 보이지 않았습니다. "이건 내 스타일이 아니야", "난 마법사는 별로야"라며 좀처럼 마음을 열지 않았죠.

치치 엄마와 저는 '본격 판타지 장르를 즐기려면 더 나이를 먹어야겠다'라거나, '확실히 여자아이보다 남자아이가 느린 것 같다'라고 핑계를 대며, 치치가 《해리 포터》에 빠져들 날을 기다릴 수밖에 없었습니다.

그러던 중 치치가 읽은 판타지 시리즈가 《고양이 학교》였어요. 열 살 무렵이었지요. 지금 생각하면 이 책이 치치를 《해리 포터》의 세계로 이끈 안내자였습니다. 치치가 이걸 읽고서 비로소 판타지 시리즈에 흥미를 느끼게 되었으니까요.

"이건 세계관이 엄청나. 아빠한테 다 설명해주기엔 너무 방대해."

당시 《고양이 학교》가 어떤 책이냐고 묻자 치치가 했던 말입니다.

이 작품은 국내 어린이 책 중 가장 긴 판타지 시리즈로 총 열 여섯 권이 출간되었습니다. 새 책을 잘 사주지 않는 편인데도(시리즈물은 더욱 그렇죠. 읽지 않는 책은 결국 짐이 될 뿐이니까요.) 중고와 새 책을 섞어 전권을 모두 구해놓았을 정도로 치치의 사랑을 받았던 책이기도 합니다. 고양이 두 마리의 집사인 치치의 취향을 저격했다고 할까요? 치치가 책 속 등장인물인 고양이들의 익살과 흥미진진한 내용에 내내 즐거워했던 기억이 납니다. "아빠, 여기 좀 봐", "얘 좀 봐봐"라면서요. 《고양이 학교》 시리즈는 김재홍 화가의 실감 나는 그림도 정말 볼만하지요.

그러고 나서 접했던 책들이 국내 최고의 SF·판타지 동화작가로 꼽히는 이현 작가의 작품이었습니다. 치치는 당시 《푸른 사자 와니니》** 1, 2권, 《로봇의 별》*** 1, 2, 3권 등을 이어 봤는데 지금은 그의 열성 팬이 되어 매년 작가의 신간을 손꼽아 기다리고 있죠.

그쯤 되자 치치 엄마는 슬슬 때가 됐다고 느낀듯했습니다.

"이번 방학엔 《해리 포터》 안 읽어볼래? 네가 읽기로 하면 엄마도 같이 읽을 거야. 엄마도 아직 끝까지 못 봤거든."

"그럴까?"

이때가 4학년 겨울 방학이 막 시작될 무렵이었는데, 낚시로 치자면 이때 치치 엄마는 엄청난 손맛을 느꼈을 겁니다. 몇 년 동안 공들인 보람이 있을까, 줄을 당기면서도 조마조마했을 그녀의 마음이 짐작이 갑니다. 몇 년이라니……. 낚시도 이런 낚시가 없지요.

하지만 이때부터 코로나19 대유행으로 근처 도서관들은 휴관에 들어갔고, 방학이라 학교 도서관을 이용할 수도 없었죠. 그런데 딱 하나, 아파트 단지 내 도서관이 대출만을 전제로 하루 한 시간씩 문을 열어주었습니다. 거기엔 《해리 포터》 시리즈 전권이 모두 갖춰져 있었고요.

치치는 집에 있던 1, 2권을 읽더니 '이게 이런 책이었어?'라는 표정을 지었습니다. 그는 《해리 포터》를 보며 그동안 자신이 얼마나 자랐는지를 확인한 것 같았어요. 성장의 기쁨과 책의 재미, 둘 중 어느 것에 더 즐거움을 느꼈는지는 몰라도 그는 무서운 속도로 스물세 권을 읽어치웠습니다.

그즈음 코로나19에 대한 걱정으로 시간적, 심리적 여유가 없었던 치치 엄마는 처음 약속했던 '엄마랑 함께 읽기'에는 실패하고 말았는데, 아마 여유가 있었더라도 치치의 속도를 따라갈 수는 없었을 거예요. 치치가 책을 읽어가는 동안, 주말마다 영화화된 작품을 함께 보며 시간을 보내는 정도로 만족해야 했지요.

치치는 이제 책 속 인물들의 관계도를 직접 그리고, 사건의 순서를 줄줄 꿸 정도로 《해리 포터》 전문가가 되었습니다. 그리고 틈날 때마다 몇 권을 다시 빌려 읽기도 하면서 시간을 보냅니다. "끝까지 다 읽고 나서 1권을 보니까 내가 놓친 게 있었네"라면서요. 치치는 이제 해리처럼 마음 내킬 때마다 마법사의 세계를 들락거릴 수 있는 아이가 된 거죠.

판타지 장르를 싫어하는 사람이 간혹 있습니다. 제가 그래요. 전 어릴 때부터 현실감 없는 이야기에 그다지 매력을 느끼지 못했습니다. 동화도 판타지보단 생활 동화를 더 좋아했고요. 지금도 크게 다르지 않습니다. 그런데 치치의 책 읽기를 지켜보며 느낀 점이 있어요.

판타지는 정신없이 몰입해 읽고 나서 나중에 주제를 느끼는 장르입니다. 그러다 보니 독자는 작품의 주제 의식을 파악하기가 쉽지 않습니다. 대신 작가가 만들어놓은 세계관에 일단 항복하면 이야기가 끝나기 전에는 헤어 나오기 어렵다는 특징이 있지요.

작가의 노림수는 여기에 있습니다. 어떻게든 시작하면 끝까지 손을 놓을 수 없게 만드는 것. 끝까지 달린 후에, 뒤돌아보는 아이에게만 보물을 찾을 수 있게 남겨놓는 것.

그러고 보면 잘 쓴 이야기책이 다 그렇습니다. 억지로 주제 의식을 강요하기보다 독자가 재미를 따라 읽으며, 작가가 말하고자 하는 메시지로 오게 만들지요. (그렇다고 재미있게 잘 읽히는 책이 모두 좋은 메시지를 담고 있다고 할 순 없습니다. 그건 좀 다른 문제지요.) 아직 책 읽는 재미를 알지 못하는 아이에겐 자신의 성향에 맞는 판타지만큼 좋은 장르가 없는 셈입니다.

그런데도 여전히 판타지를 오해하는 분이 많은 것 같아요.

"아이가 《해리 포터》만 반복해서 읽는데, 괜찮나요?"

"판타지만 읽으려고 하는데 어쩜 좋죠? 딴 건 전혀 안 봐요."

이런 질문을 정말 많이 받거든요.

이분들의 걱정과 달리 판타지 속 세계는 무엇이든 가능한 엉망진창인 세상이 아닙니다. 그곳에도 엄연한 규칙이 있고 작동 원리가 있지요. 그걸 '세계관'이라 부릅니다. 책 속 인물들은 책마다 고유한 세계관 속에서 갈등하고 실패하며 그런데도 역경을 헤쳐갑니다. 그러는 동안 훌쩍 성장하고요. 한마디로 판타지는 실제 세상과 전혀 다른 세상이 아닌 거죠.

《고양이 학교》의 김진경 작가는 한 인터뷰에서, 시리즈 뒤로 갈수록 고양이의 비중이 점차 줄어들고 인간의 비중이 늘어나면서 한국의 현실이 드러나는 이유에 대해 이렇게 말합니다.

"뒤로 갈수록 수정 고양이들의 비중이 작아진다고 서운해하는 어린이들도 있더군요. (웃음) 현실을 반영하지 않는 판타지 동화는 그냥 재미있는 이야기일 뿐이라고 생각해요. 《고양이 학교》는 어린이들에게 뭔가 전하고 싶은 주제가 있어 쓴 이야기예요. 어린이들도 현실을 분명히 알아야 하고 그것을 전달하는 건 작가의 의무라고 생각합니다." ****

어떤 부모는 아이가 '판타지와 현실을 구분하지 못하게 될까 봐 걱정'이라고 말합니다. 그런데 그림책을 읽어주던 시절, 말하는 동물이 등장하는 책을 보고 아이가 실제로 동물들이 말을 못 한다고 이상해한 적이 있나요? 아닐 겁니다. 아이는 언제나 부모가 생각하는 것보다 많은 걸 알고 있지요.

판타지 속 다른 세상을 보고 돌아온 아이는 비로소 '지금 여기'가 왜 이런 모습인지 고민하기 시작합니다. 책 속 세상과 여긴 대체 무엇이 다르고, 또 무엇이 같아서 우리가 이런 모습일까를 생각하게 되지요. 이런 생각은 어른들이 만든 세상에 쉽게 익숙해지지 않는 힘, 곧 세상을 바꾸는 힘이 됩니다.

치치가 좋아하는 판타지 동화를 소개합니다

《고양이 학교》 김진경 지음, 김재홍 그림, 문학동네, 2022

"고양이가 마법을 부린다는데 읽지 않을 수가!"

《안녕, 전우치?》 하민석 지음, 보리, 2010

"전우치가 도술을 부려 사람을 농락하는 게 웃기고 재밌다."

《알렙이 알렙에게》 최영희 지음, PJ.KIM 그림, 해와나무, 2018

"SF인가, 판타지인가, 재밌으면 그만."

《전설의 고수》 이현 지음, 김소희 그림, 창비, 2019

"순식간에 읽히는 이현 작가의 또 하나의 명작."

《무쇠인간》 테드 휴즈 지음, 앤드류 데이비슨 그림, 비룡소, 2003

"긴장감 최고! 하지만 나중엔 마음이 편안해진다."

《룬의 아이들》 전민희 지음, UK Nakagawa 그림, 엘릭시르, 2018

"세계관이 방대하고 독창적이다."

《전사들》 에린 헌터 지음, 가람어린이, 2018

"두껍다. 조금 어렵다. 하지만 시리즈 끝까지 읽을 예정."

《마지막 아이들》 최정금 지음, 고상미 그림, 해와나무, 2014

"아이들이 자신의 능력으로 서로를 도우며 모험하는 이야기."

《사자왕 형제의 모험》 아스트리드 린드그렌 지음, 일론 비클란드 그림, 창비, 2015

"두꺼워서 힘들었지만 보람 있다."

《베서니와 괴물의 묘약》 잭 메기트 필립스 지음, 이사벨 폴라트 그림, 요요, 2020

"지난 1년간 읽은 판타지 중에 최고!"

*《타라 덩컨》 소피 오두인 마미코니안 지음, 소담출판사, 2005

**《푸른 사자 와니니》 이현 지음, 오윤화 그림, 창비, 2015

《빵이당 vs 구워뜨》 강효미 지음, 박정섭 그림, 상상의집, 2015

"미래의 가난한 사람들이 과거로 와서 미래 기술을 이용해 잘살아보려고 한다는 발상이 새롭다."

《펭귄 하이웨이》 모리미 도미히코 지음, 작가정신, 2018

"애니메이션이 보여주지 못했던 부분이 생각보다 많았다. 영화를 먼저 봤지만, 책이 더 좋았다."

한 줄 평은 모두 치치가 책을 읽고 난 후에 적은 감상입니다.

***《로봇의 별》 이현 지음, 푸른숲주니어, 2011

****채널예스 기사 〈"안녕, 수정 고양이들아." 김진경의 《고양이 학교》 시리즈 완간〉

다른 세상을 꿈꾸는 일은

세상을 바꾸는 힘이 됩니다

23 역사는 암기력?

"엄마, '칠지도'를 볼 수 있는 데가 있어?"

열 살 치치가 책을 보다 갑자기 엄마에게 물었습니다. 치치 엄마는 기쁜 내색을 숨기지 못했죠. 그녀는 당장 스마트폰을 꺼내 '칠지도'를 검색했습니다.

"한성백제박물관에 있네. 엄마랑 보러 갈까?"

오랜만에 만들어진 화기애애한 분위기에 찬물을 끼얹으려던 건 아니었는데, 저는 무심코 이렇게 말했습니다.

"진짜는 일본에 있어."

그러자 치치는 아무렇지 않다는 듯 대답했지요.

"그건 나도 알아. 가짜라도 한번 보고 싶은 거야. 얼마나 큰지, 어떻게 생겼는지."

치치는 3학년 때부터 역사 학습만화를 몇 권 뒤적이더니, 자기에게 맞는 스타일을 찾은 듯 《라이브 한국사》*라는 전집에 정착했습니다. '아라'와 '누리'라는 캐릭터가 역사의식의 결정체라는 가상의 '보주(보물 구슬)'를 찾아다니며 역사 속 인물들을 만난다는 흔한 설정의 만화였지요. 내용이 통사가 아닌 인물 중심으로 돼있어 역사를 처음 접하기엔 나쁘지 않아 보였어요. 앞서 말했듯 전 역사 학습만화에는 관대한 편이니까요.

치치는 이 시리즈를 읽는 족족 이어서 사길 원했지만, 치치 엄만 원칙대로 만화책은 한 달에 한 권, 그것도 다른 책을 구매할 때만 끼워서 사주었습니다. 그리고 《마법천자문》 때처럼 《라이브 한국사》도 엄마 숙제로 인정해주지 않았죠.

그런데도 치치는 마치 '보주'를 모으듯 총 20권으로 된 전집을 다 사서 모았습니다. 대략 1년 정도가 걸린 것 같아요. 다음 권을 사줄 때까지 치치는 앞 권을 반복해서 보았지요.

저는 10년 남짓한 인생을 산 아이가 역사에 재미를 붙여가는 게 참 신기했습니다. 치치는 저학년 때 공룡에서 생태-우주-과학 분야로 관심사를 옮겨가며 책을 읽었던 것처럼, 역사 만화를 완독한 뒤 관련 지식 단행본이나 동화, 소설을 읽기 시작했어요.

그렇게 섭렵한 책 중엔 만화로 된 전집보다 오히려 더 좋은 평가를 한 작품도 많았습니다. 《그 여름의 덤더디》나 《김구의 봄》**, 《첩자가 된 아이》 같은 책이 그랬죠.

5학년이 되어서는 한국 전쟁을 비롯한 현대사에 궁금증이 생겼는지 저도 참 좋아하는 작가인 윤정모, 현길언, 박완서, 윤흥길의 소설을 읽었습니다. 《조선 과학수사관 장선비》*** 같은 역사 판타지물도 치치의 사랑을 받았지요.

치치의 취향 변화에 치치 엄마와 저는 애써 관심이 없는척했습니다. 치치는 엄마 앞에서 새로 알게 된 사실들을 떠드는 걸 좋아했어요. 그때마다 저희는 약간의 '칭찬 양념'을 뿌려주는 정도로만 관심을 보였지요.

이유는 단 하나. 언젠간 역사도 공부가 되어버릴 걸 알기 때문입니다. 그런 때가 오더라도 여전히 역사가 공부가 아닌 '재미'로 남아있다면 더없이 좋은 그림이 되겠지만, 입시라는 제도 앞에서 치치가 얼마나 버틸 수 있을지는 장담할 수 없으니까요.

게다가 치치는 엄마가 조금이라도 학습에 관련된 시도를 제안할라치면 (주로 수학이나 영어) "요새 엄마가 날 너무 공부시키려고 하는 것 같아"라고 하며 지레 거부감을 드러내는 아이거든요. 막 재미를 붙인 역사에 '그건 더 자세히 공부해야 알 수 있어'라는 식의 대응을 보이다가는 자칫 치치를 뒷걸음질 치게 만들지도 모릅니다.

세상에 나온 지 십여 년밖에 되지 않은 아이들에겐 십 년 전이나 백 년 전 혹은 천 년 전의 이야기가 다 똑같이 느껴진다고 합니다. 그래서 역사를 접할 때는 처음부터 통사를 학습하는 것보다 흥미로운 인물이나 사건을 익숙하게 만들어줌으로써, '나 이거 알아. 예전에 들어봤어' 정도의 기억을 갖게 하는 게 바람직하지요.

이에 따라 초등 교과 과정에서도 역사 과목은 점차 고학년으로 미뤄지고 있습니다. 또 역사를 알아가는 순서도 '문화재-신화-인물-통사' 순으로 바뀌었고요.

어떤 과목이든 흥미를 잃어버리고 '학습'으로 느끼게 되면 잘하기가 쉽지 않습니다. 그런 의미에서 부모들에게 '잘하기 위해선 흥미를 잃지 않아야 한다'라는 인식이 자리 잡은 건 환영할 일이지요.

그런데 과연 역사를 '잘한다'라는 건 어떤 걸까요?

여기서 우리는 자연스레 '암기력'이란 기준을 떠올립니다. 어린이 역사 책을 주로 써왔지만 저는 암기식 역사 공부에 반대합니다. 혹자는 암기 없이 역사를 잘할 수는 없다고 말하지요. 입시를 목적으로 한다면 틀린 말은 아닐 겁니다. 하지만 우리가 역사를 공부하는 목적은 많은 정보를 암기하는 데 있지 않습니다. 그래서 더욱 입시 제도가 변화해야 한다고 생각해요.

4차 산업혁명 시대, 우리 아이들의 학습에서 가장 경계해야 할 것은 단연 암기식 공부입니다. 인공 지능의 발전은 예상보다 급속히 진행되고 있고, 이미 암기력으로 AI를 당해낼 인간은 없으니까요.

그런데도 인문학과 사회 과학에 속한 많은 과목이 단순 암기 과목으로 취급됩니다. 이는 인문학과 사회 과학의 원래 목적에서 한참 동떨어진 인식이고, 변화하는 세상에서도 환영받지 못할 접근법입니다. 인문학과 사회 과학은 좀 더 사람답게, 더 나은 세상에서 살고자 하는 인류의 오랜 희망에서 비롯된 학문이기 때문입니다. 미래에도 AI에게 전적으로 맡길 수 없는 분야지요.

역사 공부는 단순히 과거 사실을 '아는 것', '외우는 것'이 아니라 역사적 사실에 대한 사람들의 관점을 배워가는 과정입니다. 그 과정에서 아이는 결국 자기만의 관점을 완성해가지요. 이렇게 만들어진 관점이 바로 역사의식입니다.

'예술이 다루지 않은 역사는 아직 역사가 아니다'라는 말이 있습니다. 다르게 말하면 '사람들의 세계관과 역사의식이 바로 그 시대의 역사'라는 뜻이기도 합니다. 결국 역사를 잘하는 아이는 시대를 제대로 해석하는 눈을 가진 아이입니다. 그런 눈을 가지려면 먼저 다른 사람들의 관점을 관찰하는 일부터 시작해야겠지요. 그래서 우리는 역사책을 읽습니다.

재미있게 읽다 보면 역사의식이 자라나요

역사를 소재로 한 이야기책은 딱딱한 지식책으로 역사를 접할 때보다 더 생생한 역사를 경험하게 합니다. 연표 위의 빼곡한 숫자나 숱한 사건에선 좀처럼 읽어낼 수 없는 사실, 즉 역사 속 인물도 우리처럼 꿈과 사랑을 가진 살아있는 존재임을 알게 해주지요. '역사를 잘하는 아이'는 역사를 소재로 한 동화나 소설, 혹은 좋은 만화를 읽으며 역사가 던져주는 질문들에 답하는 과정에서 만들어집니다.

치치가 재미있다고 꼽은 역사 동화를 소개할게요

《초정리 편지》 배유안 지음, 홍선주 그림, 창비, 2006

《그해 유월은》 신현수 지음, 최정인 그림, 스푼북, 2019

《마사코의 질문》 손연자 지음, 김재홍 그림, 푸른책들, 2009

《그 여름의 덤더디》 이향안 지음, 김동성 그림, 시공주니어, 2016

《첩자가 된 아이》 김남중 지음, 김주경 그림, 푸른숲주니어, 2012

《전쟁과 소년》 윤정모 지음, 김종도 그림, 푸른나무, 2003

《전쟁놀이》 현길언 지음, 이우범 그림, 계수나무, 2002

《그때 나는 열한 살이었다》 현길언 지음, 이우범 그림, 계수나무, 2010

《못자국》 현길언 지음, 이우범 그림, 계수나무, 2003

《자전거 도둑》 박완서 지음, 한병호 그림, 다림, 1999

《기억 속의 들꽃》 윤흥길 지음, 허구 그림, 다림, 2005

*《라이브 한국사》 윤상석 지음, 김기수 그림, 천재교육, 2016
**《김구의 봄》 김혜영 지음, 윤정미 그림, 스푼북, 2017
***《조선 과학수사관 장선비》 손주현 지음, 이영림 그림, 파란자전거, 2015

역사 공부는 역사가 던지는
질문에 답하는 과정입니다

비록
시행착오를
겪을지라도

사랑의 마법은 한가지입니다.

상대방에게 눈을 맞추고

따뜻하게 안아주며

사랑한다고 말하는 것입니다.

《섬에 있는 서점》

개브리얼 제빈 지음, 문학동네, 2017

24 게임이 아이의 일상을 지배할 때

주말엔 집에서 밥을 해 먹기도, 장을 보러 나가기도 귀찮을 때가 있지요. 모든 에너지를 업무에 쏟아부은 맞벌이 부부에게 주말은 어떤 방해도 받지 않고 그저 쉬고만 싶은 날입니다. 여행이나 모임도 그럴 힘이 남아있어야 할 수 있습니다.

하지만 아이의 사정은 다릅니다. 특히 맞벌이 가정의 아이에게 주말은 엄마 아빠와 함께 지낼 수 있는 절호의 기회지요. 엄마가 일을 쉬었던 1년 정도를 제외하고 치치도 줄곧 그런 환경에서 지내왔습니다. 앞으로 1, 2년만 지나면 부모보다는 친구나 게임기, 스마트폰, 유튜브와 함께 보내는 시간을 더 바라겠지만, 열두 살 치치는 그 단계로 넘어가는 과도기 같아요.

"오늘은 놀아준다고 했지? 우리 다 같이 보드게임 할까?"

치치는 가끔 이런 제안을 합니다. 진땀이 흐르는 시간이지요.

"팝콘 사다가 집에서 같이 영화 보는 건 어때?"

치치 엄마가 재빨리 절충안을 내놓습니다.

"좋은 생각이다. 아빠랑 자전거 타고 팝콘 사러 가자."

저도 분위기를 몰아가지요. 이런 2 대 1 구도에 익숙한 치치는 여간해선 한 번에 물러서는 법이 없습니다.

"이번엔 졌다고 화내지 않을게. 그러지 말고 보드게임 하자. 안 한 지 오래됐잖아."

"치치야……. 엄마 좀 쉬면 안 될까?"

치치 엄만 금세 불쌍한 표정이 되지만, 치치는 늘 쉽지 않은 상대입니다.

"나랑 노는 게 쉬는 거지. 일이야?"

이럴 때마다 엄마 아빠와 함께하고 싶은 게 기껏해야 보드게임인가 싶어 안쓰럽기도 하고, 더 어렸을 적에 치치와 충분히 놀아주지 못한 게 후회스럽고 미안해지지만 그래도 역시… 주말엔 좀 쉬고 싶습니다.

그런데 요즘엔 이런 요구가 확연히 줄고 있어요. 치치에게 더 재밌는 무언가가 많이 생긴 까닭이지요. 아직 스마트폰은 없지만, 엄마 숙제에 대한 보상으로 주말엔 한두 시간씩 게임을 할 수 있고, 스마트TV로 언제든 유튜브도 볼 수 있습니다. 게다가 얼마 전엔 몇 년간 모은 용돈을 털어 그토록 원하던 게임기를 장만했지요.

"저녁에 다 같이 게임할까?"

치치는 뭔가 신나는 제안인 양 말하지만 안타깝게도 저와 치치 엄만 게임을 그리 즐기는 편이 아닙니다. 그래서 다른 집보다 더 게임에 엄격한 건지도 몰라요. 그럼 평소 게임을 즐기는 부모는 아이의 게임에 관대할까요? 글쎄요. 잘 모르겠습니다.

"너 아까 게임 시간 다 썼잖아."

저희 집에서 '게임 시간'은 국회 예산안 통과보다 중대하고 까다로운 쟁점입니다. 현재 치치는 토요일과 일요일에 각각 90분씩 게임이 가능합니다.

"엄마 아빠랑 하는 건 게임 시간에 포함 안 되잖아."

게임기를 새로 샀는데도 게임 시간은 그대로이니 혹시 모자라게 느껴질까 봐 비공식 게임 시간을 만들어준 건데……. 치치의 불순한 의도에 치치 엄만 강경하게 대응합니다.

"그것 땜에 같이하자고 하는 거 모를 줄 알고? 게임하는 주말엔 해당 없음이야."

"그런 게 어딨어. 평일엔 엄마 아빠 시간 없다고 잘 안 놀아주면서."

그랬지요. 인정합니다. 이따금 치치는 억울할 거예요.

하지만 저희 부부도 고민이 많습니다. 스마트폰과 게임이 없던 세상으로 돌아갈 수 없는 이상, 이런 고민은 아이가 다 자랄 때까지 계속되겠지요.

저희의 고민은 크게 두 가지입니다. 첫째는 치치가 게임을 화폐처럼 대할 때가 많다는 겁니다. 언젠가부터 게임 시간은 치치에게 절대로 손해 볼 수 없는 권리, 다른 어떤 가치와도 비교할 수 없는 보루가 돼버렸거든요.

더 심각한 건 경제적 손해를 볼 때 어른들이 그렇듯, 치치에겐 게임 시간 삭감이 엄청난 위협으로 작용한다는 거예요. 종종 감정 조절이 어려울 정도로요. 서로 지닌 가치가 다를 땐 작은 것에도 마음이 상하기 쉽고 자주 오해가 생기지요.

둘째는 적절한 게임 시간을 민주적으로 정하는 일이 노사정 위원회의 최저 임금 협상보다 훨씬 어렵다는 겁니다. 정말 이것 때문에 얼마나 잦은 분란을 겪었는지 몰라요. 격렬한 대화가 오간 후에 서로 끌어안고 우는 일도 여러 번 있었지요. 부끄럽지만 정말입니다.

집안의 평화를 원한다면 그가 원하는 만큼 충분히 게임을 하도록 내버려 두는 게 최선일 거예요. 우리에겐 엄연히 각자의 인생이 있으니까요. 하지만 이렇게도 지난한 과정을 반복하는 건, 이것 역시 하나의 교육이라 생각하기 때문입니다.

많은 선배 부모가 '집에서 게임이나 동영상 같은 요소를 없애는 것만이 독서와 공부에 집중할 수 있는 길'이라 말합니다. 되도록 그것들에 빠져드는 시기를 늦추는 것도 방법이라 하고요. 둘 다 맞는 말씀입니다. 게임이 공부보다 재밌다는 걸 인정한다는 의미니까요.

공부도 일도, 노는 것보다 즐거울 순 없지요. 그걸 인정해야 합니다. '딴 놀거리도 많은데 왜 굳이 몸 건강, 정신 건강에 좋지 않은 게임일까?'라고 생각한다면 아이가 처한 환경을 더 찬찬히 들여다볼 필요가 있습니다. '그것밖에 할 수 있는 놀이가 없는 건 아닐까?'라고요. 그런 환경을 근본적으로 바꿀 수 없다면, 아이가 가장 쉽고 간편한 놀이인 게임을 선택하는 걸 비난할 수만은 없지요.

다만 부모는 게임이 그들의 일상을 지배하지 않도록, 가상 현실 속 놀이인 게임이 아이들의 인성과 인간관계를 해치지 않도록 신경을 쓸 수밖에 없습니다.

일과 여가의 균형을 맞추는 건 어른에게도 매우 힘든 일이죠. 아이에게도 반복 훈련과 여러 번의 시행착오가 필요합니다.

아이는 자라면서 어른과 동등한 권리를 갖겠다고 주장합니다. 결코 부당한 주장은 아닙니다. 하지만 그 권리의 추구는 좀 더 나은 삶을 목표로 해야겠죠. 그러니 권리를 누리되, 그걸 균형 있게 사용할 수 있도록 부모가 함께 고민해주어야 합니다.

바로 이 균형점을 찾는 데에 독서가 큰 역할을 합니다. 게임과 동영상보다 재밌을 순 없지만 그만큼 재미를 주는 또 한 가지 선택지로 독서가 존재할 수 있다면 그것만으로도 이긴 싸움이지요.

아이가 독서의 재미를 잃지 않도록 이끌어주는 것이, 스마트폰을 빼앗고 게임 시간을 줄이는 것보다 훨씬 의미 있는 교육 방식이라 믿습니다.

책보다 재미있는 게임, 어떻게 하면 좋을까요?

저희 부부는 게임 때문에 문제가 생길 때마다 치치와 마주 앉아 '게임 시간을 정하는 방법'을 합의합니다. 처음엔 아무 조건 없이 충분하다 싶을 만큼 넉넉한 시간을 주었는데, 게임과 관련한 일로 좋지 않은 태도를 보일 땐 이를 깎기도 했지요.

그러다 주중의 태도와 성과에 따라 게임 시간을 쌓아주는 적립제로 바꾸었습니다. 엄마 숙제를 포함한 자신의 일과를 잘 해내는 정도와 맡은 집안일을 해내는 횟수에 따라 주말 게임 시간을 정했지요. 때론 칭찬받을 만한 일에 보너스를 주기도 하고 야단맞을 일에 페널티를 주기도 했습니다.

하지만 지금은 다시 정량제로 바꾸었습니다. 서로의 스트레스를 줄이기 위해서였어요. 게임이 어떤 일의 보상이 되면 너무도 쉽게 절대적 교환 가치로 바뀌는 걸 경험했기 때문입니다.

단, 절대 바뀌지 않는 조건이 하나 있습니다. 엄마 숙제를 다 하기 전엔 단 1분도 게임을 할 수 없다는 것이죠. 물론 명절이나 방학 땐 나름의 융통성이 필요합니다. 참 쉽지 않은 일입니다.

"게임이 좋아, 책이 좋아?"

"게임! 그런데 책도 가끔 좋아."

"그럼 됐어."

25 가해자의 부모가 되고 싶지 않아서

"엄마, 나 오늘 볼 책 다 읽었으니까 한번 안아보자."

변성기가 지나 더는 앳되지 않은 목소리로 치치는 엄마에게 들러붙습니다. 치치 엄마는 몇 달 새 훌쩍 커버린 치치를 부담스러워할 때도 있지만, 두 팔을 벌리면 여전히 서너 살 아이처럼 폭하고 안겨드는 그를 꼭 껴안고 엉덩이도 두드려줍니다.

"고생했어요."

"앙!"

그러면 치치는 고양이 같은 소리를 내며 행복한 얼굴이 됩니다.

하루 백 번을 안아줘도 부족하다는 아이를 보며, 너무 빨리 자라버릴까봐 걱정했던 때도 있었지요. 하지만 이차 성징이 뚜렷해지고 몸과 마음 곳곳에 사춘기 특징들이 나타나면서 저는 가끔 섬뜩한 상상을 합니다. 어찌 보면 별것 아닌 상황에도 말이지요.

"엄마, 나 생일 선물로 이거 사주면 안 될까?"

치치 엄마는 노트북 앞에 앉아 급한 일을 처리하는 중이었습니다.

"엄마 지금 뭐 좀 하고 있으니까 좀만 이따 얘기하자."

하지만 치치는 기다려주지 않고 끝내 자기 할 말을 시작합니다.

"아니, 내가 생각해봤는데 말이야. 게임팩은 너무 비싸잖아."

그녀는 어쩔 수 없이 하던 일을 멈추고 치치를 보며 말합니다.

"치치야……. 이따 얘기하자 했잖아. 얘길 안 하겠단 게 아니라."

여기서 치치는 꼭 한발 더 나아가지요.

"잠깐이면 되는데 좀 들어주면 안 돼?"

그는 입을 삐죽거리고 짐짓 발을 쿵쿵대며 자기 방으로 들어가 버립니다.

중단된 일도 일이지만, 치치 엄마는 자신에게 집중해주지 않는다고 토라진 아이가 마음에 걸립니다. 하지만 위로해주고 싶은 마음보다 먼저 튀어나오는 건 '왜 저리 남의 사정에 공감하지 못할까'라는 생각입니다.

아이에게 어른의 일상을 일일이 이해받는 건 애초에 무리한 일인지도 모르지요. 아이들의 세상은 대체로 자기 위주로 돌아가기 마련이니까요. 하지만 아이가 그런 모습을 보일 때 저는 종종 숱한 범죄자들의 어린 시절을 상상하게 됩니다. 누구보다 평범한 어린 시절을 보낸 범죄자들 말이지요.

각종 범죄 스릴러물과 탐사 프로그램 〈그것이 알고 싶다〉의 팬인 저는 평소에 '아이를 능력 있고 훌륭한 사람으로 키우는 것'보다는 '범죄자가 되지 않도록 키우는 것'에 더 관심이 많습니다.

모든 범죄를(청소년 자살도 마찬가지) 개인의 책임으로 돌리는 사회 분위기에는 반대하지만, 부모가 되면서부터 어느 순간 우리 아이가 미래의 범죄자, 혹은 가해자가 될 수 있다는 가능성을 무시할 수가 없었거든요. 물론 피해자도 될 수 있겠지만 가해자와는 달리 '능동적인' 피해자는 세상에 없으니까요.

《나는 가해자의 엄마입니다》*는 1999년 미국 콜럼바인 고등학교 총격 사건을 일으키고(사망 13명, 부상 24명) 자신도 현장에서 목숨을 끊은 딜런 클리볼드의 어머니 수 클리볼드가 쓴 책입니다.

수 클리볼드는 사건 이후 16년 동안 '평범하고 사랑스러운 내 아들은 어떻게 역사상 가장 끔찍한 범죄의 가해자가 되었나?'를 끊임없이 고민했다고 합니다. 그리고 그 고민의 과정을 한 권의 책으로 써냈지요. 우리처럼 평범한 부모였던 그는 아이를 잃은 슬픔을 드러내지 못한 채 가해자의 부모라는 이유로 일부 과격한 시민에게 테러 위협까지 받으며 줄곧 죄책감에 시달려야만 했습니다.

미국의 유명 다큐멘터리 영화감독인 마이클 무어는 해당 사건의 근본적 원인으로 '타인에 대한 공포와 적대를 생산하는 미국의 국내외 정책'을 꼽았지요. 실제로 《나는 가해자의 엄마입니다》를 읽다 보면 범인인 딜런이 사춘기를 보내며 당시 어른들의 어떤 모습에 특히 반응하고 경도되어 갔는지를 느낄 수 있습니다.

하지만 개인 범죄의 책임이 사회에도 있다는 의견이 가해자의 부모에게 어떤 위로가 될 수 있을까요? 자신의 밑바닥까지 드러내는 용기로 반면교사를 자처한 부모의 비극적인 실패담을 담은 이 책은 읽는 내내 어떤 스릴러보다 무섭고 정신이 번쩍 드는 경험을 하게 했습니다. 사춘기 부모라면 반드시 읽어봐야 할 필독서라 생각합니다.

사춘기 시기에 아이들은 부모와의 거리가 멀어지는 만큼 사회의 영향을 더 많이 받게 됩니다. 부모보다 친구와의 관계를 중시한다는 건 곧 부모의 세계관뿐 아니라 다른 어른들의 세계관을 경험하게 된다는 뜻이기도 하지요.

그리고 성향에 따라 다르겠지만 대체로 아이들은 좀 더 자극적인 이슈와 그걸 대하는 어른들의 사고방식에 쉽게 빠져듭니다.

어른들은 각자의 이익, 신념, 종교, 명예 등 갖가지 이유로 타인과 부딪히고 때론 서로 증오하지요. 하지만 그런 갈등과 증오가 모두 범죄로 이어지는 건 아닙니다. 처벌에 대한 두려움 때문이기도 하지만, 처벌받지 않는다고 해서 누구나 사람을 해칠 수 있는 건 아닐 거예요.

그렇다면 능히 범죄를 저지를 수 있는 사람과 그럴 수 없는 사람은 무엇이 다를까요? 그건 결국 흔히 말하는 공감 능력의 차이입니다.

우리가 살인을 범죄라 정한 이유는 타인도 나처럼 죽음보다 삶을 원하기 때문이지요. 그런데 서로 물어보지 않고도 어떻게 그런 마음을 알 수 있을까요? 타인은 결국 내가 아닌데 말이죠. 그래서 상상력이 필요합니다. 우리가 흔히 '공감 능력'이라 부르는 힘, 바로 '나로 미루어 타인의 마음을 헤아리는 능력'이지요.

다행히 인간은 누구나 '거울 뉴런'이라 불리는 특별한 뇌세포를 갖고 태어납니다. 이 세포는 사람마다 활성화 정도가 다르다고 해요. 자폐나 사이코패스 같은 정신의학 및 심리학 연구를 하다 발견된 사실이지요. 요컨대 누구나 공감 능력이 있지만, 정도에는 차이가 있을 수 있다는 뜻입니다. 그러니 '공감 능력이 없다'라는 건 과학적으로 틀린 표현이 됩니다.

그렇다면 문제는 '신체의 여느 기관들처럼 공감 능력도 후천적인 발달이 가능한가?'겠지요. 다행스럽게도 《인간은 어떻게 서로를 공감하는가》**라는 책은 '가능하다'라고 답합니다.

거울 뉴런을 활성화하는 훈련은, 운동을 할수록 근력이 강해지고 강해진 근력으로 더 강도 높은 운동이 가능해지는 것처럼 우리의 공감 능력에 선순환을 일으킵니다. 쉽게 말하면 타인의 처지와 감정을 상상하면 할수록 그 과정이 쉬워지고 더 깊이 있는 이해도 가능해진다는 뜻이지요.

이 훈련에 가장 효과적이면서, 쉽게 구할 수 있는 도구가 바로 책입니다. 작가는 책 속 인물들에게 우리와 함께 살아가는 수많은 타인의 처지와 감정을 집약해 넣어놓지요. 우리는 살면서 좀처럼 만나기 힘든 사람들의 이야기까지 책을 통해 만나게 됩니다.

하지만 마냥 쉬운 일은 아닌 것 같아요. 치치는 또래보다 책을 많이 읽는 편이지만, 저희 부부 기준에선 여전히 남의 처지를 헤아리는 상상력이나 남을 배려하는 마음은 부족한 편이거든요. 이럴 땐 저희 부부도 공감 능력을 키워주는 책 읽기의 효용에 의문을 품게 됩니다.

그렇다고 여기서 책 읽기를 그만두기로 결정하는 건 바보 같은 일이겠죠? 쉽게 살이 빠지지 않는다고 다이어트를 그만두기로 맘먹는 것처럼 말이죠.

다행히 치치는 여전히 책을 읽고 있고, 그가 책을 읽는 동안 저희에겐 아직 희망이 있습니다. 적어도 가해자가 되지 않으리란 희망, 더 나은 사람이 되리란 희망 말입니다.

가해자의 부모가 되지 않기 위해 저는 두 가지를 결심합니다. 후회하지 않을 만큼 충분히 사랑해주기. 그리고 책 읽는 재미를 오랫동안 잃지 않도록 도와주기.

치치가 고른 공감 능력 키워주는 책

치치가 '책 속 인물에게 쉽게 공감할 수 있었다'라고 했던 책입니다. 내용을 살펴보니 대부분 치치와 별 공통점이 없는 주인공이었지요. 그런데도 공감이 됐던 이유를 묻자 치치는 이렇게 대답했습니다.

"내 처지랑 비슷해도 공감되지 않는 책도 많아. 이 책들은 내가 책 속 이야기라는 걸 잊을 만큼 여기 있는 세계가 현실처럼 느껴지게 작가가 캐릭터를 잘 만들었더라고. 그래서 공감하기가 쉬웠어. 한마디로 잘 쓴 책인 거지."

《잘못 뽑은 반장》 이은재 지음, 서영경 그림, 주니어김영사, 2009

《짝짝이 양말》 황지영 지음, 정진희 그림, 웅진주니어, 2019

《깡통 소년》 크리스티네 뇌스틀링거 지음, 프란츠 비트캄프 그림, 아이세움, 2005

《어느 날 구두에게 생긴 일》 황선미 지음, 신지수 그림, 비룡소, 2014

《맘대로 되는 일이 하나도 없어!》 이승민 지음, 박정섭 그림, 풀빛, 2019

《사로국 명탐정과 황금보검 도난 사건》 손주현 지음, 송효정 그림, 파란자전거, 2019

《침술 도사 아따거》 이병승 지음, 오승민 그림, 고래가숨쉬는도서관, 2019

《검은 숲의 좀비 마을》 최영희 지음, 소만 그림, 크레용하우스, 2019

《핑스》 이유리 지음, 김미진 그림, 비룡소, 2018

《마틸다》 로알드 달 지음, 퀀틴 블레이크 그림, 시공주니어, 2018

《모모》 미하엘 엔데 지음, 비룡소, 1999

《완득이》 김려령 지음, 창비, 2008

---

*《나는 가해자의 엄마입니다》 수 클리볼드 지음, 반비, 2016
**《인간은 어떻게 서로를 공감하는가》 크리스티안 케이서스 지음, 바다출판사. 2018

후회하지 않을 만큼
충분히 사랑할게

26 글쓰기를 시작하는 쉬운 방법

"아빠, 오늘 제목은 뭐야?"

"음……. 아직 생각 안 해봤는데, 이따 아빠 나가기 전에 알려줄게."

"안 돼. 지금 써야 아빠 나갔을 때 엄마 숙제랑 붙여서 한 시간 넘게 게임할 수 있단 말이야."

오늘의 게임 시간을 충분히 확보하고 싶다는 의도를 노골적으로 드러내는 치치. 그에게 글쓰기란 보상을 받기 위한 수단일 뿐이란 생각에 씁쓸하지만, 저는 황급히 그날의 제목을 생각해내느라 이리저리 눈알을 굴립니다. 하지만 글쓰기 제목은 오래 생각한 것일수록 기대에 못 미치는 법이지요.

"알았어. 오늘은 '호랑이 꼬리'야."

이 말을 들은 치치의 표정이 밝아집니다.

"앗, 좋아. 바로 쓸 수 있겠어."

얼마 전 울산 할머니 댁에 다녀오다 들른 포항 호미곶(한반도를 호랑이 모양으로 보았을 때 꼬리 부분에 해당하는 곳)에서 유난히 즐거워하던 치치의 모습이 떠올라 내준 소재였지요. 치치는 신이 나서 방으로 들어갔지만 그런 경우라도 글쓰기는 생각보다 늘 오래 걸립니다.

치치에겐 방학이면 생기는 글쓰기 숙제가 있습니다. 바로 '아빠 숙제'죠.

아빠 숙제는 강제성이 없습니다. 치치 입장에선 추가 보상을 받기 위한 선택적 일과인 셈이에요. 방학에는 아무래도 마음껏 노는 시간을 확보하는 게 중요하니까요.

하지만 치치가 가장 원하는 놀이는 뭐니 뭐니 해도 게임이지요. 게임은 평소 시간 관리나 건강 차원에서 해가 되는 부분이 많아서 어떻게든 최소화해야 합니다. 방학엔 치치가 직접 짠 시간 계획에서 벗어나는 일이라도 뭘 하든 상관없지만, 게임만큼은 조건부 제한을 두지요. 다만 치치에게 방학은 주말에만 게임이 가능한 학기 중과 달리 엄마 숙제를 완료했다면 매일 게임을 할 수 있는 기회입니다.

그래서 게임 시간을 늘려주는 대신 한 가지를 더 해보자는 생각에 글쓰기 숙제를 제안했지요. 어릴 적부터 말도 안 되는 이야기를 그림으로 그려놓고 깨알 같은 대사를 붙여 자기가 만든 만화책이랍시고 들이미는 일이 잦았던 치치에겐 글쓰기가 그리 어려운 일이 아니란 걸 알았거든요. 예상보다 치치의 반응도 아주 좋았습니다.

방문을 열고 빼꼼 들여다보면 치치는 어느새 제법 진지하게 책상 앞에 앉아 머리를 쥐어뜯고 있었습니다. 마치 제가 글을 쓸 때 낑낑거리는 모습을 따라 하는 듯 보였지요. 잘 써야 한다고 압박한 적도 없는데 말이죠. 한 편의 글을 완성하는 일은 누구에게나 이런 고난으로 다가오는 모양입니다.

지난 두 차례의 방학 동안 한 번은 동시를, 또 한 번은 산문을 쓰게 했는데, 두 경우 모두 치치는 한 편을 완성하는 데 한 시간 남짓 걸렸습니다. 때론 아침에 준 제목을 온종일 생각하다 저녁쯤에야 완성하기도 했지요.

작가들 또한 원고지나 자판 앞에 앉아 무작정 쓰는 게 아닙니다. 그들도 글의 씨앗이 되는 생각을 머릿속에서 오래도록 굴려보다가 비로소 활자로 만드는데, 활자는 활자대로 예상치 못했던 방향으로 흘러가는 경향이 있어요. 어떤 글이라도 머릿속에서 완성된 글을 받아 적는 식으로 되지는 않습니다.

따로 가르친 적도 없는데 치치는 그 과정을 스스로 밟아가고 있었던 것이죠. 그런 치치를 보는 제 마음은 어땠을까요? 저는 완성된 글보다, 고민 속에 시간을 보냈을 치치의 하루가 더욱 뿌듯하고 대견했습니다.

방으로 들어간 지 한 시간여 만에 치치는 시 노트를 들고나왔습니다.

호랑이 꼬리

호랑이 허리를 타고 꼬리 끝에 다녀왔다.
호기심에
꼬집
꼬집
이 호랑이는 참 힘들겠다.
날마다 사람들이 밟고 가는 데다
허리가 꺾였으니.

그리고 집으로 돌아와 대한민국
전도를 봤더니,
호미곶이 빨갛게 보이고
호랑이가 째려보고 있었다.

저는 그의 시 아래에 감상평을 적고 사인을 합니다.

'우리가 다녀온 여행이 잘 정리돼있네요. 고맙게 잘 읽었습니다!'

그리고 생각합니다. 이걸로 게임 시간 30분을 얻는다면 너무 적은 보상이 아닌가, 하고요. 다행히 치치는 이런 아빠의 생각을 모른 채로 기꺼이 자기 보상을 받아갔지요.

글쓰기,
이렇게 시작해보세요

글쓰기 역시 억지로 시켜서는 안 됩니다. 시작하기 전 충분한 합의가 필요하지요. 이미 합의된 방식이라도 언제든 변화가 가능해야 하고요. 또한 서로에게 아무런 이득 없이 실패로 끝날 수도 있다는 사실 역시 받아들여야 합니다. 그렇더라도 한번 해볼 만한 시도라는 건 분명하지요.

그래서 치치의 글쓰기는 방학 때만 합니다. 아무래도 학기 중엔 너무 큰 부담으로 느껴질 수 있으니까요.

처음엔 아주 적은 부담과 아주 작은 보상으로 시작해보세요. 해도 그만, 안 해도 그만인 일로요. 하지만 아이가 글쓰기를 해냈다면 칭찬은 가능한 한 듬뿍 해주셔야 합니다. 아이의 글을 평가할 때는 좋은 인상만 들려주세요. 부족한 점이 더 많이 보이더라도 마음속에 넣어두시고요. 스스로 재미를 붙여야만 아이는 글쓰기를 해낼 수 있습니다. 글쓰기에 재미를 붙인 아이는 몇 년 만에 그렇지 않은 어른보다 훨씬 글을 잘 쓰게 됩니다.

아이가 글쓰기를 시작하기로 마음먹었다면, 함께 손잡고 문방구에 가 가장 마음에 드는 노트를 고르라고 하세요. 그리고 아무리 비싼 노트라도 사주세요. 그게 만 원짜리 책 한 권보다 더없이 소중한 책이라는 걸 받아들인다면 절대 아깝지 않을 거예요.

방학 때 쓴 노트는 아무리 많은 페이지가 남았더라도 그걸로 끝. 다음 방학 땐 또 사 주세요. 우리가 그들의 글쓰기를 더없이 소중하게 여긴다는 걸 아이가 알 수 있게 해 주세요.

네가 쓴 글이 우리에겐
가장 소중한 책이야

27 시는 훌륭한 놀이터

선만 알면 돼

우리 아빠가 나에게 하는 말이다.

"선만 알면 돼."

과도하게만 안 하면 좋단 거였다.

그래서 최소한으로 장난을 쳐보았지만

이미 엄마의 뚜껑은 열려있었다.

▲ 4학년 여름 방학에 쓴 시

방학이 끝날 때쯤이면 치치의 시 노트는 한 권의 시집이 되어 갑니다. 살펴보니 치치는 산문보다 시의 발전 속도가 훨씬 빨랐어요. 동시 쓰기가 하나의 놀이가 되었을 때, 아이들은 치치처럼 순식간에 실력이 향상되지요. 뭐든 그렇지 않을까요?

많은 분이 '글쓰기 교육'이라 하면 산문부터 떠올립니다. 시를 쓰는 건 좀 더 전문적인 교육을 받아야만 가능하다고 생각하는 면도 있고, 또 시가 실용적인 글쓰기 능력에 도움이 되지 않는다고 생각하기 때문인 것도 같아요. 하지만 그렇지 않습니다. 시는 아이들이 글쓰기의 재미를 알아가기에, 또 기초체력을 단련시키기에 가장 좋은 출발점입니다.

아이는 자유롭게 놔두었을 때 가장 자기다운 이야기를 할 수 있습니다. 그렇기에 형식에 얽매이지 않는 시는 아이에게 훌륭한 놀이터가 되지요. 시를 마냥 어려워하는 어른과 달리 아이는 산문보다 시를 훨씬 자유로운 형식이라 여기는듯해요.

아이는 시 속에서 자신을 있는 그대로 드러내는 데 스스럼이 없고, 어른과는 비교할 수 없을 정도로 사물을 보는 관점을 자유롭게 바꿉니다.

어떤 종류의 교육이든, 처음부터 기능 습득이나 능력 향상에 매달리면 좋은 성과를 얻기 어렵습니다. 어른은 아이의 글을 받아들면 틀린 맞춤법부터 눈에 들어오게 마련이라, 그것부터 바로잡아 주고 싶어 하지요. 그런 접근은 훌륭한 놀이터에 철조망을 치는 것과 같습니다.

물론 맞춤법은 중요하지만, 크는 동안 하나씩 천천히 배워가도 큰 문제가 되지 않습니다. 게다가 우리말 맞춤법은 어른에게도 매우 어렵습니다. 오죽하면 〈우리말 겨루기〉라는 TV 프로그램의 최종 관문이 띄어쓰기와 맞춤법 문제겠어요.

누군가는 글쓰기의 핵심을 '말로 쉽게 할 수 있는 생각을 얼마나 정리 정돈해낼 수 있는가'에 있다고 합니다. EBS 공부법 관련 다큐멘터리에 소개된 학생들의 '강의식 공부법(학생이 거울 앞에서 스스로 강의하며 몰랐던 부분을 점검하고 아는 걸 더욱 확실히 정리하는 공부법)'을 보면 말하기와 글쓰기를 '아는 것의 표현'이라는 관점에서 설명하기도 하지요.* 하지만 글쓰기 과정에서 정리 정돈이란 원래 있던 생각을 글로 잘 표현하는 것만 뜻하는 게 아닙니다.

글을 쓸 때는 신비롭게도 자기 생각을 점검하는 과정이 끼어들지요. 이 과정에서 글쓰기는 글쓴이가 기존에 가지고 있던 생각을 바꾸기도 합니다. 전 오히려 이 기능이 글쓰기의 핵심이라 생각해요.

한 번도 해보지 못했던 생각이 떠오르는 것, 즉 미처 이해하지 못했던 자신과 타인의 처지, 감정 등을 헤아리는 것, 또 생각의 허점을 찾아내 올바른 방향으로 바꾸어가는 것이 글을 쓰는 동안 벌어지는 중요한 사건인 거죠.

때론 써놓은 내용에 맞추어 자기 삶을 단속하는 일이 벌어지기도 합니다. 언행일치는 말보다 글에서 더 강력한 힘을 발휘하니까요. 그래서 아이에게 조금씩이나마 글쓰기를 경험하게 해주는 건 큰 의미를 지닙니다.

문제는 많은 아이가 글쓰기를 귀찮아한다는 데 있지요. 치치 또한 글쓰기의 재미를 알기엔 너무 늦은 감이 있는 게 사실입니다. 그의 삶에는 이미 책이나 글쓰기보다 재미있는 것들이 너무나 많이 자리 잡았으니까요. 그래서 조그만 보상을 주어가면서라도 글쓰기의 재미를 알게 해주려는 것입니다. 책 읽기와 글쓰기가 그에게 1순위는 되지 못할지라도 삶의 여러 재미 중 하나가 되기만 한다면 그보다 멋진 일은 없을 테니까요.

아이가 쓴 글을 책으로 만들 수 있어요

시 노트 한 권이 채워지면, 자가 출판으로 책을 만들어줄 수 있습니다.

전자책도 좋지만 되도록 실물로 받아볼 수 있는 종이책 출판을 권해드리고 싶어요. 자가 출판을 돕는 플랫폼을 이용하면 저렴한 가격으로 그럴듯한 나만의 책을 가질 수 있거든요. 직접 쓴 시로 채워진 시집은 시 쓰기를 시작한 아이에게 잊지 못할 선물이 됩니다.

개인 소장용으로 책을 만들 수 있고, 판매도 가능한 자가 출판 플랫폼을 소개합니다. 안내대로 따라 하기만 하면 쉽게 책을 만들 수 있기 때문에, 아이와 함께 진행하기에도 무리가 없지요. 책이 팔리면 인세도 정산 받을 수 있습니다.

부크크 www.bookk.co.kr

출간, 판매가 한 곳에서 가능한 플랫폼입니다. 부모님 동의서가 있으면 미성년자도 직접 가입해 책을 만들 수 있습니다. 종이책은 정가의 35%, 전자책은 70%로 인세를 정산해줍니다.

교보문고 퍼플(PubPle) http://pod.kyobobook.co.kr/publisher/pubStep1.ink

교보문고에서 운영하는 종이책 출판 대행 서비스입니다. 종이책은 필요한 수량만큼 제작 가능하며 저작권료는 판매 수익의 20%입니다.

교보문고 이퍼플(epubple) epubple.com

무료로 간단하게 전자책을 만들어, 국내외 17곳 온라인 서점에 유통할 수 있는 서비스입니다.

북팟 www.bookpod.co.kr

'책 만들기' 단계를 따라가기만 하면 손쉽게 나만의 책을 만들 수 있습니다. 책과 같은 디자인으로 다이어리, 명함, 노트 같은 굿즈도 제작 가능합니다.

---

*EBS 〈공부의 왕도 : 가르치며 공부하다 - 정은지〉
EBS 〈공부의 왕도 : 떠들고 낙서하라! 공부가 재미있다 - 박성근〉
EBS 〈공부의 달인 : 나만의 공부법을 찾아서 - 유호선〉

아이는 시처럼 자유롭게 놀 때
가장 자기다운 이야기를 합니다

28 한 뼘 더 깊게 읽으려면

글쓰기를 통해 얻을 수 있는 가장 큰 혜택은 책을 더 잘 읽게 된다는 것입니다. 얼핏 잘 이해되지 않는 이 말은 이렇게 바꾸어보면 쉬워집니다.

'악기를 배우면 더 잘 들린다.'

이 명제는 운동이나 예술처럼 오랜 훈련이 필요한 모든 영역에 적용되는 진리라 할 수 있습니다. 자신과 타인을 이해하는 일, 즉 독서나 여러 학문, 나아가 인간관계 전반으로 확대해서도 생각해볼 만한 말이지요.

저는 중고등학교 때 합창부 활동을 하며 처음 성악의 매력에 빠졌습니다. 레슨 비용을 알아보고는 바로 포기했지만, 한때는 성악으로 대학 진학을 꿈꾸기도 했지요. 자나 깨나 성악곡만 귀에 꽂고 지내던 때였습니다.

그러다 하루는 가곡 〈그리운 금강산〉을 부른 많은 성악가가 두 번째 소절인 '그리운 만 이천 봉'을 부를 때, '그리운'을 '거리운'으로 발음한다는 사실을 알았습니다. 음악 선생님께 여쭤보니, '높은 음정으로 긴 발성이 필요할 땐 어쩔 수 없이 발음을 왜곡할 수밖에 없다'라고 하셨지요. 직접 해보니 실제로 그랬습니다. '2옥타브 파' 음에서 '그'를 제대로 발음하기란 무척 어려운 일이었지요.

얼마 후 학교 문법 시간에 음운학적 이유를 알 수 있었습니다. 전설모음(발음 시 혀가 앞쪽으로 나오는 모음) 'ㅡ'보다 후설모음(발음 시 혀가 목 안쪽으로 들어가는 모음) 'ㅓ'가 고음을 내기에(목 안 공간을 넓히기에) 훨씬 쉽기 때문이었지요.

우리가 성악곡 가사를 한 번에 제대로 알아들을 수 없는 이유도 많은 부분 이와 연관이 있습니다. 정확한 가사보다 정확한 음정을 선택한 결과지요.

그런데 우리나라 가곡은 명시(名詩)를 가사로 삼은 작품이 많습니다. 그래서 이런 생각이 들었어요.

'노래를 아무리 잘한다고 해도 가사를 전달할 수 없다면 어떻게 감동을 줄 수 있을까?'

그때부터 비교적 발음이 정확한 성악가의 곡만 골라 듣게 되었지요. 대표적인 분이 소프라노 조수미 씨였습니다. '그리운'을 '그리운'으로 발음하는 것이 얼마나 어려운 일인지 알고 그의 노래를 들으면 탄성이 절로 나옵니다.

요즘이야 별별 마니아가 넘쳐나는 시대지만 예전에는 먹고사는 일에 도움이 안되는 무언가를 깊이 들고파는 사람은 무시당하기 일쑤였습니다. 꽃꽂이를 배우는 남성이나 프로야구 골수팬인 여성이 드물 때였지요. 하지만 무언가에 빠져본 사람은 알지요. 좋아하면 직접 해보고 싶어지고, 직접 해보면 어떤 부분이 얼마나 힘든지, 그 힘든 걸 해내는 사람이 얼마나 대단한지, 그리고 그들의 빼어난 솜씨를 보는 게 얼마나 즐거운 일인지를요.

글쓰기도 마찬가지입니다. 직접 글을 써본 사람은 책을 보는 시야가 훨씬 넓어지고 감상의 폭도 깊어질 수밖에 없습니다. 어느 정도 경지에 이르면 시인이 두 번 이상 고쳤을 법한 문장이 눈에 들어오기도 하고, 어떤 인물을 만들 때 소설가가 가장 힘들었을지도 짐작할 수 있습니다. 이때 독자에게 작가는 멀리 있는 가상의 인물이 아니게 되지요.

치치는 얼마 전 이현 작가의 책을 읽고 이렇게 말한 적이 있습니다.

"내 생각에 잘 읽힌다는 건 잘 썼다는 뜻이야. 왜냐면 작가가 메시지를 전달하려고 설정한 배경이나 세계관, 인물 같은 요소의 통합체가 글인데, 이 요소들이 매끄럽게 잘 통합되어 보이게 썼다면 그 글은 잘 읽히게 되는 거지. 그러니까 잘 읽히는 책은 바로 잘 쓴 책이야. 그런 작가가 이현이야."

놀랍죠? 솔직히 저도 놀랐습니다. 치치는 일종의 메타 독서, 즉 책을 읽으면서 작품 밖에 있는 작가까지 보게 된 것이죠. 이게 아빠 숙제로 글쓰기를 시작한 다음부터 일어난 일이라는 건 안 비밀입니다.

우리는 누굴 사랑하게 되면 그 사람의 모든 걸 알고 싶어 합니다. 물론 불가능한 일이죠. 대신 우리는 그가 세상에 그리는 궤적을 상상해봅니다. 이때의 궤적은 실제로 그가 움직인 동선만 뜻하는 게 아닙니다. 오히려 눈에 보이지 않는 마음의 궤적이 더 중요하지요. '이 말을 하면 그가 어떻게 반응할까? 이런 상황에서 그는 어떤 마음일까?' 같은 걸 상상하는 일. 사람을 사랑하는 건 이 모든 걸 포함하는 일입니다.

글쓰기가 독서에 미치는 영향도 이와 같습니다. 글을 쓰면 책을 쓴 사람의 마음에 가까워집니다. 이런 과정을 통해 글쓰기는 독서의 즐거움을 더욱 풍요롭게 만들지요.

저는 아이의 글쓰기와 독서가 나중엔 곁에 있는 사람의 마음, 무언가에 진심을 다하는 사람의 마음, 나보다 약하고 외로운 사람의 마음까지 들여다보게 만들 수 있다고 믿습니다. 그것이 모든 작가의 마음이니까요.

글쓰기가 재미있어지는 방법

글쓰기를 싫어하는 아이에게 일기나 독서록은 귀찮고 힘든 숙제일 수밖에 없습니다. 독서와 마찬가지로 글쓰기 역시 아이가 거부할 때는 부담을 확 줄여주어야 하지요.

우선 일기, 독서록 말고도 글을 쉽게 쓸 수 있는 다양한 방법이 있다는 것을 알려주세요. 짧은 시 쓰기, 편지 쓰기, 퀴즈를 만들고 직접 답 적어보기……. 이런 식으로 형식만 바꾸어도 좀 더 가벼운 마음으로 글쓰기를 시작할 수 있습니다.

가족이 함께 글쓰기에 동참하거나, 놀이 요소를 살짝 접목해주면 글쓰기가 훨씬 쉬워지지요. 몇 가지 예를 소개해드릴게요.

우리 가족 삼행시 짓기 대회

책 제목이나 책 속 인물의 이름, 가족만 아는 어떤 것을 시제로 삼행시도 되고 오행시, 육행시로 지어도 됩니다. 가족이 함께 대회를 펼치면 글쓰기가 더 흥미진진해지지요.

대회니까 상도 준비해보세요. 예를 들어 오늘 저녁 짜장면을 시켜 먹을 예정이었다면 대회 참가상은 짜장면. 1등 상은 탕수육으로 정하는 거죠.

오늘 읽은 동시집에서 제일 좋은 시를 골라 모방 시 써보기

정해진 원칙 없이 비슷하게만 써보는 겁니다. 아이는 생각보다 잘할 거예요.

제목 맞히기 게임

아이가 쓴 시에서 제목을 지우게 합니다. 그러고는 그 시의 제목을 다른 가족이 맞히는 게임입니다. 한 번에 맞히지 못하면 아이에게 상을 줍니다. 가끔은 맞혀도 주세요.

시제를 내주는 경우엔 되도록 재밌는 걸로

'그거라면 쓸 수 있겠다', '한번 써보고 싶다'라는 마음이 들게 하려면 아이 주변에 있는 사물이나 최근에 겪은 일 중 가장 흥미로운 소재를 골라주어야 합니다.

글쓰기는 책 읽기의 즐거움을
더욱 풍요롭게 합니다

29 책 읽기의 양을 줄이기로 하면서

코로나19 대유행 후 처음으로 주 3일 등교를 한 지 일주일, 들쑥날쑥 변덕스러운 일정에 치치는 좀처럼 적응하지 못했습니다. 무엇보다 잠자리에 드는 시간이 너무 늦어진다는 게 가장 큰 문제였어요. 밤 10시가 넘어서도 그날 해야 할 일이 끝나지를 않았지요. 학교에 가는 날도, 온라인 수업을 하는 날도 다를 바가 없었습니다. 자는 시간이 늦어지니 아침엔 늘 허겁지겁. 생활 리듬도 엉망이 되어갔지요. 딱히 학원에 다니는 것도 아니고 매일 나가서 노는 것도 아닌데 치치의 시간은 다 어디로 새어 나가는 걸까, 잘 이해가 되질 않았습니다.

그러잖아도 치치는 당장 해야 할 일도 미적대길 좋아하는 편이라, '느려서 그렇겠지', '차츰 나아지겠지' 싶었지만, 한창 자랄 나이에 자꾸 잠자는 시간이 줄어드는 건 걱정이 되었어요. 그래서 하루 동안 치치가 하는 일을 소요 시간 순서대로 나열해보았습니다.

책 한 권 읽기	2시간
체육관에서 복싱	1시간
하교 후 학교 숙제	30분~1시간
온라인 학습지	30분
수학 문제집 풀기	30분
아침에 부직포 걸레로 거실 닦기	5분
하루 한 번 고양이 화장실 치우기	3분

아침 거실 청소나 고양이 화장실 치우기 같은 일은 안 하고 넘기는 때가 더 많다 쳐도, 매일 해야 할 일을 하는 데에만 5시간이 필요하더군요. 이러니 조금만 미적대도 하루가 훅 가버리기 일쑤였겠죠. 치치는 거의 매일, 할 일을 다 못하고도 11시를 넘겨서야 잠자리에 들었습니다.

저는 고민 끝에 치치 엄마에게 말했습니다.

"책 읽는 양을 줄여야 하지 않을까?"

"어차피 지금도 하루에 한 권 다 읽는 건 일주일에 두어 번 될까 말까 한 일이야."

치치 엄마는 지금도 충분히 사정을 봐주고 있다고, 문제는 할 일이 많아서가 아니라 치치의 게으름 때문이라고 집어 말했습니다.

결국 저희는 토론 끝에 치치의 독서 목표를 낮춰서 성취감을 얻을 수 있게 해주자는 결론에 이르렀어요. 어떤 책이든 하루에 150페이지까지만 읽으면 엄마 숙제를 완료한 것으로 조정해주었지요. 엄마 숙제가 시작된 이후 처음으로 하루 한 권이란 원칙을 수정한 겁니다.

수면 시간 확보를 위해 줄인 일이 책 읽기라는 것에 저흰 둘 다 마음이 썩 좋진 않았습니다. 하지만 그 후 치치는 줄곧 목표량을 채워가며 만족해했어요. 예전보다 책 읽기를 미루는 일이 줄었다는 것만으로도 알 수 있었지요. 물론 이게 바른 선택이었는지는 시간이 지나봐야 알 수 있겠지만요.

그런데 문득 '하루에도 여러 군데 학원을 오가며, 숙제에 치여 사는 아이는 어떨까. 책을 읽을 시간이 있을까?'라는 생각이 들었습니다.

아이들, 특히 청소년들이 책을 읽지 않는 가장 큰 이유는 '시간 부족'입니다. 이게 변명이 아니라는 건, 학원에 다니지 않는 초등 5학년 치치의 생활만 들여다봐도 분명히 알 수 있죠.

날마다 시간을 낼 수 없다면 하루 한 권이 아니라, 일주일에 한 권 혹은 한 달에 한 권을 읽는 습관을 들일 수도 있겠지요. 하지만 빠듯한 일상에서는 그 정도의 습관을 갖기도 절대 쉽지 않습니다. 어른도 마찬가지지요. '꾸준한 책 읽기'를 시도해본 분이라면 아실 거예요.

독서를 휴식이라 느끼는 어른이 드문 것처럼 아이에게도 휴식 시간에 책을 읽기란 쉽지 않습니다. 게다가 경쟁은 몸과 마음을 모두 지치게 만들기 때문에 충분한 휴식도 중요합니다.

그런데 휴식은 주관적인 개념이어서, 충분히 쉬었다는 만족을 얻기 위해 필요한 일은 사람마다 다를 수밖에 없습니다. 인류에게 전에 없던 휴식, 넷플릭스와 유튜브, 또 스마트폰 게임과 SNS 등이 생긴 마당에 과연 책 읽기가 휴식으로 느껴질 수 있을까요?

이런 상황에서 아이에게 책 읽기의 중요성을 말하려면 학습적인 명분을 들이대는 수밖에 없습니다. '독서는 또 다른 공부'라는 명분 말이죠. 하지만, 독서가 학습이 되어버리면 평생 계속되어야 할 '진짜 공부'는 영영 멀어지고 맙니다. 독서는 억지 공부가 되어선 안 됩니다.

우리 아이들에게 독서가 또 다른 공부가 되지 않으려면, 책이 오랫동안 '재미의 영역'에 남아있어야 합니다. 어른에게도 '일이 되는 순간 사라져버리는 순수한 재미'가 있듯이, 아이에겐 '공부가 되어버린 독서'가 책 읽기의 재미를 앗아갑니다.

저희 부부에게도 '어떻게 하면 치치의 독서를 재미의 영역에 오래 머물게 할 수 있을까'가 가장 큰 숙제지요. 독서가 휴식이 될 만큼 재미있는 일이 되도록 두는 것. 휴식이 될 수 없다면 적어도 독서 시간이라도 충분히 확보해주는 것. 이것이 아이의 멈추지 않는 책 읽기와 평생의 '진짜 공부'를 위해 우리가 할 수 있는 대승적 선택입니다.

독서 분량을 줄이는 것이 독서에 도움이 된다면 우린 그 방법을 선택할 수밖에 없겠죠. 반면 공부 시간을 늘리기 위해 독서 시간을 줄인다면 독서는 아이에게 머나먼 일이 되고 말 겁니다. 사람을 사랑할 때처럼, 책을 앞에 둔 아이에게도 사랑을 위한 충분한 시간이 필요합니다.

갈수록 책을 안 읽어요

학년이 올라갈수록 책은 두꺼워지고 내용도 어려워집니다. 엎친 데 덮친 격으로 그림은 줄어들고 글씨 크기도 작아지지요. 아이의 독서 능력도 책을 따라 성장했다면 큰 문제가 되지 않겠지만, 중학년 이상이 되면 많은 아이가 책 한 권 읽는 것도 힘들어합니다.

이럴 땐 책 읽을 시간을 충분히 확보해주어야 합니다. 평소에 하루 한 권씩 읽던 아이라도 시간이 모자라 버거워한다면 과감히 일주일에 한 권으로 줄여주어야 해요.

중학교에 가서까지 스스로 좋아하는 책을 찾아 읽는 아이는 정말 드뭅니다. 한 반에 한두 명 있을까 말까지요. 하지만 아이들에겐 시간이 없는 게 아니라 여유가 없는 건지도 몰라요. 아이의 일과를 관찰하고 대화를 나누는 시간이 필요한 이유입니다.

진심으로 아이가 독서를 평생 습관으로 삼길 바란다면, 늦었단 생각이 든다 해도 방법이 없지 않습니다.

01	책 고르기	읽을 책을 스스로 고른다.
02	목표 정하기	일주일 혹은 한 달 목표 독서량을 정한다.
03	목표의 수정	충분한 시간을 확보할 수 있게 상황에 따라 기한을 연장한다.
04	책 읽기가 우선	책을 읽는 대신, 다른 할 일을 줄여준다.
05	충분한 보상	목표만큼 읽었을 땐 칭찬을 쏟아붓고, 충분한 보상을 해준다.

독서가 휴식이 될 만큼
재미있는 일이 되려면
충분한 시간이 필요합니다

30 아이 책 따라 읽기의 즐거움

“이번 주는 이 책으로 해.”

“저 책도 재밌어 보이는데, 저것보다 이거야? 확실해?”

제가 따져 묻자 치치는 다소 괴로운 표정이 됩니다. 그의 괴로운 표정은 종종 신뢰감을 주지요.

“응. 이거야.”

치치는 한 달에 한 번 제가 출연하는 팟캐스트 방송의 준비를 돕습니다. 해당 코너에서 치치는 없어서는 안 될 중요한 인물이에요. 한 달 동안 치치가 읽은 책 중에서 가장 재미있다고 뽑은 한 권의 책을 소개하는 코너이니까요.

제작진이 제안했던 기획 의도는 ‘아이가 읽은 책을 아빠에게 권하는 이야기’였고, 그에 맞춰 제목도 ‘아빠 이 책 어때?’로 정해졌습니다. 그때부터 저는 치치가 읽었던 책을 한 달에 한두 권씩 강제로 읽게 되었어요. 첫 방송 무렵 열 살이었던 치치는 이미 책을 쓰는 아빠보다 책을 더 많이 읽는 아이였지요.

주로 이용하는 도서관에서, 엄마 친구네 집에서, 때로는 서점이나 헌책방에서, 갖가지 경로로 우리 집에 오게 된 책들은 마치 하나의 거대한 물길처럼 치치의 머릿속을 거쳐 다시 도서관으로 돌아가거나, 또는 헌책방으로, 때론 또 다른 집으로 흘러갑니다. 치치는 지금도 여전히 책으로 넘실대는 물길 속에서 물장구를 치며 자라고 있어요.

치치가 권해준 책을 읽으면서 저는 치치가 헤엄치는 물길 속을 자세히 들여다보게 됐어요. 물길은 SF나 판타지로 방향이 바뀌기도 하고, 주제 의식 운운하며 깊은 낙차를 보이기도 했지요. 그러다 어느새 뜨거운 눈물이 더해져 먹먹해지기도 하고, 때론 한 작가의 여울목에 오래 머물기도 했습니다.

아이가 읽은 책을 뒤따라 읽는 것은 아이가 먼저 간 길을 따라 걷는 것과 같습니다. 그 길에서 저는 치치가 어느 부분에서 멈춰 섰을지, 멈춰서 무슨 생각을 했을지, 누굴 떠올렸을지, 또 떠올리다 깔깔거렸을지 혹은 문득 슬퍼졌을지를 생각합니다.

부모로서 하기 드문 진기하고 소중한 경험이지요. 같은 책을 함께 읽는다는 건, 맛있는 걸 나눠 먹는 순간이나 함께 떠나는 여행과는 전혀 다른 즐거움을 줍니다.

치치가 팟캐스트에서 소개할 책으로 골라준 《와일드 로봇》*을 읽을 때였습니다. 이 책은 화물선에 실려있던 로봇이 배가 난파되는 바람에 무인도에 표류하면서 겪는 모험담입니다. 쟁쟁한 후보들을 물리치고 1위로 뽑힌 책이었기에 흥미진진한 전개와 액션을 기대하고 읽었던 저는 중반에 이를 때까지도 기대와는 다른 서정적인 전개에 고개를 갸웃거렸습니다.

'너무 외로운데?'

마치 오시이 마모루 감독의 애니메이션 〈공각기동대〉**나 〈스카이 크롤러〉***를 볼 때처럼 《와일드 로봇》은 주인공 로봇의 외로움과 고단한 처지에 이입하게 하는 묘한 매력을 지닌 SF 동화였어요. 저는 자연스럽게 저의 사춘기 시절이 떠올랐지요.

고등학교 때 저는 두 시간 일찍 학교에 가서 바다를 보며 시를 짓거나 이어폰을 꽂고 책을 읽거나 하며 시간을 보냈습니다. 저희 학교에선 부산 광안리 해변 방향의 수평선이 보였거든요. 가끔은 수평선 위로 일본 대마도가 모습을 드러내기도 했고요. 그때부터 혼자만의 시간이 얼마나 즐겁고 소중한지 알게 되었지요.

그런데 고작 열두 살짜리 치치가 이런 외로움을 이해하다니요.

하지만 곧 생각이 바뀌었습니다.

'많이 자랐구나.'

외로움은 인간과 동물을 구분 짓는 근본적인 감정입니다. 외로움은 단순히 '혼자 있을 때 느끼는 감정'이 아닙니다. 자신을 객관적으로 바라보는 자의식과 연관된 고차원적인 감정이지요. 심리학에서는 보통 유년기엔 자의식이 나타나지 않는다고 말합니다.

그러니 치치가 이 책에서 느껴지는 외로움을 지루한 전개로만 느끼지 않고 인물의 처지에 공감하며 읽었다면, 아이가 자의식을 가질 만큼 자랐다는 얘기가 되지요. 이런 성장은 앞으로의 독서에도 큰 영향을 미칠 게 분명했습니다.

아이들이 읽는 동화일지라도, 좋은 이야기 속엔 언제나 외로움의 정서가 깔려있습니다. 특히 책 속 인물에게서 외로움을 엿보았다면 우리는 그 인물이 생생히 살아있다고 느낍니다.

외로움이 책 속 인물을 살아 움직이게 하는 요소라면, 실제 우리에게도 외로움은 인간다움의 증거가 될 수 있겠지요. 인간에게 외로움이 없다면 우린 누구에게도 손을 내밀 이유가 없을 테니까요. 그래서 좋은 책을 읽는 일은 자신의 외로움을 자각하고 타인의 외로움과 연대하기로 맘먹는 출발점이 될 수 있습니다.

독서 또한 외로운 행위입니다. 책을 읽는 동안엔 독자 외에는 누구도 그 시공간 안으로 들어갈 수 없지요. 아이는 오직 작가가 만든 세상 속에서 책 속 인물들과 교감합니다. 〈센과 치히로의 행방불명〉처럼 일종의 터널 속을 들어갔다 나오는 셈이지요. 하지만 터널을 들어가기 전의 세상과 나온 이후의 세상은 조금 다릅니다.

저는 치치가 최근 통과한 《와일드 로봇》이라는 터널에서 그가 느낀 외로움을 간접 경험했습니다. 낯설고도 행복한 경험이었어요. 우리 아이들이 여러 개의 터널을 거치며 자라나는 동안 한 번쯤은 그들의 뒤를 따라 들어가 보시길 권하는 이유입니다.

아이의 독서가 외롭지 않도록

아이가 읽은 책을 따라 읽기는 쉽지 않습니다. 하지만 궁금하지 않나요? 요즘 우리 아이가 어떤 책과 어떤 관계를 맺고 지내는지 말이죠.

아이가 읽는 모든 책은 아니더라도 한 달에 한 권 정도는 어떨까요? 아님 분기에 한 번? 어떤 주기로 계획을 세우든, 그 결심을 지키든 못 지키든 더 중요한 건 그런 마음을 낼 수 있느냐겠지요.

일 년에 단 한 권도 힘들다 생각된다면, 아이에게 요즘 가장 재밌게 읽은 책의 내용을 들려달라고 해보세요. 아이의 독서가 외롭지 않도록 마음을 내어보세요.

---

*《와일드 로봇》 피터 브라운 지음, 거북이북스, 2019
**〈공각기동대〉 오시이 마모루 연출, 1995년 작품
***〈스카이 크롤러〉 오시이 마모루 연출, 2008년 작품

한 번쯤은 아이가 읽던 책 속으로
따라 들어가 보세요

31 스스로 답을 찾는 아이

"아빠가 학교 공부를 반드시 잘할 필요는 없다며?"

치치가 다짜고짜 따지고 들었습니다.

"그랬지. 왜? 아빠가 말을 바꾼 적 있나?"

"학교 수업도 열심히 듣고 숙제도 성실히 하고 문제집 푸는 것도 중요하다며."

"그것도 맞지."

"앞뒤가 안 맞잖아. 그게 학교 공부 잘하는 거랑 뭐가 달라."

일리는 있지만, 이 정도는 충분히 방어할 수 있죠.

"열심히 하되, 점수에 크게 신경 쓸 필요는 없단 얘기지. 엄연히 달라."

저는 훌륭한 대답이라 스스로 만족하며 치치의 얼굴을 빤히 쳐다봅니다. '넌 이런 아빠가 있어 좋겠다. 그렇지?' 하는 표정으로요. 그런데 치치에겐 남겨진 한 방이 있었습니다.

"안 다르지. 그리고 내가 읽은 책에는 절대 그런 애들이 안 나온다고!"

여기서 저는 말문이 막힙니다.

그렇지요. 책 속에 등장하는 아이들, 특히 주인공에게는 하나같이 다음과 같은 공통점이 있습니다.

1. 평범하거나 혹은 평균 이하의 성적 - 무능력

2. 가난하거나 따돌림 당하거나 그에 준하는 상황으로 소외감 또는 외로움을 느낌 - 비주류

3. 학교생활이나 성적보다 더 중요한 비일상적 상황에 휘말림 - 설상가상

4. 공부와 관계없는 새로운 능력을 발견하거나 지금껏 해본 적 없는 선택을 함 - 의외의 전개

5. 결국 학교생활이나 성적 혹은 성공이나 돈보다 중요한 게 무엇인지 깨닫고 삶이 변화함 - 공부, 안녕!

이러한 주인공들의 특징은 생활 동화와 판타지를 가리지 않고, 국내 작품과 해외 작품을 가리지 않습니다.

치치가 읽은 책 어디에도 학교 성적이 중요하다거나, 성공을 위해선 학습에 매진해야 한다거나 하는 내용은 나오지 않지요. 치치는 위인전을 잘 읽지 않기 때문에 더욱 그럴 겁니다. 굳이 찾자면, '좋아하는 일을 찾아서 신나게 해보자' 정도의 메시지는 있을지 모르겠어요.

독서가 성적 향상의 열쇠가 될 거라는 부모들의 믿음을 비웃기라도 하듯 책은 오히려 정반대의 메시지를 품은 셈이죠. 책은 인간이 살아가는 데 필요한 요소 중 성적과 성공을 뺀 나머지만 말하고 있습니다.

작가들에게 성공 콤플렉스라도 있는 것일까요? 이런 메시지를 몰래 주입하는 책을 아이에게 계속 읽혀도 되는 걸까요?

학교 강연에 가서 아이들에게 "작가들이 가장 바라는 건 뭘까?" 물어보면 "책이 대박 나는 거요!"라고 답하는 것만 봐도, 사람들의 머릿속에 작가는 '책이란 상품을 만드는 생산자'와 다름없는 존재일 겁니다.

하지만 어떤 영역을 막론하고 예술가 중에서 세속적 성공을 이룬 사람은 극히 일부에 지나지 않지요. 그렇다면 아무도 듣지 않는 노래를 부르는 가

수, 아무도 보러 오지 않는 그림을 그리는 화가, 잘 팔리지 않는 책을 쓰는 작가, 이름이 알려지지 않은 인문학자까지, 그들은 대체 무얼 위해 하는 일을 멈추지 않는 걸까요?

작가는 이 사회에서 '상상력'이란 역할을 맡고 있습니다.

외계인의 지구 습격만 상상이 아닙니다. 작가는 '엄마 아빠가 죽으면 어떨까?'란 불온한 상상부터 '내가 죽으면 어떨까?'란 근원적 상상에 이르기까지, 끊임없이 독자를 데리고 다닙니다.

이런 상상은 한 인간을 성장하게 하고 더 나은 사회가 가능할 거란 믿음으로 이어지지요. 실제로 독자가 작가의 말에 귀 기울일수록 우리 사회가 나아지리라는 굳은 믿음을 가진 작가도 많습니다.

이는 정치적 발전을 의미하는 게 아니죠. 작가는 정치가와 다르거든요. 정치가는 외계인의 습격에 대비하는 마음가짐을 가질 수 없지만, 작가는 가능합니다. 작가는 외계인의 습격과 좀비로 뒤덮인 세상이 되더라도 우리가 '여전히 인간답게 살아갈 수 있는 조건'을 이야기합니다. 작가는 경쟁에서 소외된 이웃과 갖가지 차별, 편견에 의해 자기 목소리를 거세당한 이들을 대변하기 위해 글을 씁니다. 아이들은 책을 통해 자연스레 약한 이들을 돌보는 눈을 갖게 되고, 어울려 살고자 하는 마음을 기르며, 언제라도 타인을 자신과 같은 자리에 놓고 생각할 수 있는 상상력을 키우게 됩니다.

결론적으로 공부 시간을 줄이면서 독서를 했다면 그 시간만큼 공부와 멀어지게 되리란 얘기네요.

하지만 그렇지 않습니다. 특정 공부에 재미를 느끼는 이유와 마찬가지로 공부를 잘하게 만드는 비결 중 하나는 자신만의 동기를 갖는 것이지요. 여기에 독서와 공부의 숨겨진 관계가 있습니다.

독서는 '공부를 해야 하는 이유는 무엇인가'에 대한 답을 스스로 발견하는 데 도움을 줍니다. 아이는 질문 속에서 자랍니다. 많은 아이가 교과서 속 질문들에 답하기 위해 시간을 보내지만, 책과 함께하는 아이는 스스로 만든 질문에 답하기 위해 고민합니다. 그 시간은 결국 공부해야 할 동기를 찾아내거나, 상위권에 들지 못해도 꿈을 좇아 살아야 할 강력한 삶의 동기를 찾아내는 계기가 됩니다. 작가들은 그 힘을 믿습니다.

책 읽기가 공부 시간을 빼앗는다고 생각하는 순간 우리가 책에 기댈 수 있는 여지는 사라져버립니다. 책 읽기를 공부와 경쟁 관계에 두지 마세요. 오히려 책 읽기는 반드시 공부를 돕습니다. 아이의 삶을 돕습니다.

아이의 노력을 응원하는 책 선물

수험생 시절 단기간에 성적을 올릴 수 있게 해준 책을 한 권 꼽으라면 전 항상 어느 신학자의 산문집 한 권을 추천합니다. 《너는 가능성이다》*라는 제목의 이 책은 제게 부모님도 해주지 못했던 격려가 가득 담긴 하나의 응원가로 들렸습니다.

이 책을 읽은 후 저는 하루 14시간의 공부 계획을 세웠고, 꼬박 두 달 동안 한 번도 어긴 적이 없었어요. 태어나 처음 있는 일이었지요.

많은 사람이, 심지어 전문가들까지도 좋은 성적은 일종의 요령에서 나온다고 말합니다. 공부하는 방법을 몰라 성적이 나오지 않는 경우도 물론 있겠죠. 하지만 그런 주장은 눈에 보이는 것에 대해서만 진실입니다.

실제로 우리 삶이 변화하는 데는 눈에 보이지 않는 힘이 훨씬 많은 영향을 끼칩니다. 이를테면 나를 응원하는 부모님의 마음이나 내 삶을 사랑하는 나의 마음 같은 것들이죠.

눈앞의 입시를 제외한 나머지 세계를 잃어버린 아이, 요령이 없어서가 아니라 마음이 지쳐 힘을 내지 못하는 아이에겐 수험서가 아닌 한 권의 책 선물이 더 큰 힘이 되어줄 수 있습니다. 선물 속엔 한 장의 손편지가 제격이겠죠?

---

*《너는 가능성이다》 안병무 지음, 사계절, 1998

책으로 자라는 아이는
스스로 답을 찾습니다

닫는 글

다시 새로운 책을 여는 힘

이 책의 초고를 보여주자 치치 엄마가 말했습니다.

"치치보다 책 잘 읽는 애들이 얼마나 많은데……."

예상치 못한 반응이 아니었죠.

"그렇지."

"요새 치치는 대가 없이 스스로 책을 읽는 일도 드물어."

치치 엄마의 거듭된 걱정에 전 눈을 내리깐 채 고개만 끄덕였습니다.

"맞아……."

"책보다 게임을 좋아한 지도 한참 됐잖아."

"응……."

순간 어린 시절 교무실 한쪽에서 손 들고 벌서던 때가 떠올랐어요. 치치 엄마의 말은 모두 사실이었습니다.

치치가 그리 특별한 아이가 아니라는 점, 책 읽는 능력이 월등히 뛰어나지도 않고, 책만 후벼 파는 책벌레도 아니라는 사실은 원고를 쓰는 내내 저를 괴롭혔습니다.

'평범한 아이의 독서 이야기를 굳이 책으로 쓰는 게 무슨 의미가 있을까? 자칫 이 때문에 치치를 특별한 아이로 포장하려는 유혹에 빠지진 않을까?'

책 속 에피소드 하나, 문장 하나에도 이런 생각이 꼬리를 물었지요.

하지만, 아빠가 고민에 빠져있는 동안에도 치치는 날마다 빠짐없이 책을 읽었고, 종종 책을 들고 흥분한 모습으로 제 방에 뛰어 들어왔습니다. 한 달에 한 번 치치가 추천한 책을 따라 읽고 나누는 대화는 부자 사이를 돈독하게 만들어주었지요. 온 가족이 도서관으로 향하는 산책길은 언제나 즐거웠습니다. 독서를 둘러싼 일상은 여전히 우리 가족에게 가장 소중한 시간이고, 관계의 핵심이 되고 있어요.

초고를 두 번, 세 번 고치면서 저는 서서히 저를 괴롭혔던 고민을 내려놓게 되었습니다. 특별한 독서 천재가 아니라 평범한 아이의 이야기라서, 아이를 키우는 동안에는 계속될 수밖에 없는 갈등이 담겨있어서, 거짓을 보태지 않고 솔직하게 써 내려간 이야기라서, 오히려 쓸만한 가치가 있다고 생각했습니다.

무엇보다도 치치처럼 책과 함께 자라는 수많은 아이에게 잘하고 있다고 응원해주고 싶었어요. 저희처럼 아이의 게임 시간과 독서 시간을 조율하기 위해 다투는 부모님께 책 읽는 아이를 믿으시라고 확신을 드리고 싶었고요. 제 아이의 잘난 점을 내세우며 그대로 따라 하라고 부추기는 육아서가 아니라, 우리 가족에게 맞는 독서 방법을 생각해보게 되는 책, 아이뿐만 아니라 가족 모두가 독서로 소통하는 재미를 알아가도록 돕는 책이 되길, 그래서 가족 독서 문화가 더 널리 번지기를 소망하는 마음으로 이 책을 쓰고 고쳤습니다.

원고가 다듬어지는 동안 치치도 무섭게 자라났습니다. 훌쩍 자란 키와 몸피에 비해 마음이 커가는 속도는 늘 더디고 모자라다 느끼지만, 부모라면 누구나 느끼는 아쉬움이겠지요. 아이가 매사에 사려 깊고 현명하다면 더는 아이가 아닐 테니까요.

이 책을 덮는 독자님의 마음에도 아쉬움이 가득하길 바라봅니다. 아이와 함께 책 읽는 시간을 만들지 못했던 아쉬움, 책 읽는 아이를 혼자 외롭게 놔

됐다는 아쉬움, 책을 읽고 가족과 소통하는 즐거움을 몰랐다는 아쉬움. 그런 아쉬움을 만회하기 위해 다시 새로운 책을 펼치면 좋겠습니다. 이 책이 다른 책을 여는 데 하나의 계기가 되고 응원이 되었으면 하는 바람입니다.

어린이·청소년 책을 쓰는 작가가 된 뒤로 저는 새로운 책이 출간될 때마다 첫 장에 편지를 써서 맨 먼저 치치에게 선물해왔습니다. 유아기부터 초등학교 졸업을 앞둔 지금까지 치치의 독서 성장기를 담은 이 책에도 사랑하는 마음을 가득 담아 편지를 쓸 수 있게 되어 기쁩니다.

이렇게 책 읽는 아이가 되었습니다

초판 1쇄 펴낸 날 2022년 8월 15일
2쇄 펴낸 날 2022년 8월 31일

지은이 김동환
그린이 여기 최병대
펴낸이 이유정
편집 이충미
디자인 흐름디자인연구소

펴낸 곳 책구루
출판 등록 제399-2020-000011호
주소 남양주시 화도읍 마석우리 맷돌로112 5층 책구루
대표 전화 031 511 9555
홈페이지 chaekguru.com
전자 우편 chaekguru@gmail.com

ISBN 979-11-963168-3-9 13590